机电一体化建设与电力工程管理

主　编　郭　伟　夏明圣　宋焕东

副主编　赵　莹　熊东亮　董子奕

　　　　魏　滨　欧阳晖　李　亮

　　　　王庆州

编　委　任志宏

汕头大学出版社

图书在版编目（CIP）数据

机电一体化建设与电力工程管理 / 郭伟，夏明圣，
宋焕东主编． -- 汕头：汕头大学出版社，2024. 9.
ISBN 978-7-5658-5415-6

Ⅰ．TH-39; TM7

中国国家版本馆 CIP 数据核字第 2024FN1432 号

机电一体化建设与电力工程管理
JIDIAN YITIHUA JIANSHE YU DIANLI GONGCHENG GUANLI

主　　编：郭　伟　夏明圣　宋焕东
责任编辑：黄洁玲
责任技编：黄东生
封面设计：周书意
出版发行：汕头大学出版社
　　　　　广东省汕头市大学路 243 号汕头大学校园内　邮政编码：515063
电　　话：0754-82904613
印　　刷：廊坊市海涛印刷有限公司
开　　本：710mm×1000mm　1/16
印　　张：10.5
字　　数：180 千字
版　　次：2024 年 9 月第 1 版
印　　次：2025 年 1 月第 1 次印刷
定　　价：58.00 元
ISBN 978-7-5658-5415-6

前　言

近年来，随着我国经济的迅猛发展和建设项目的快速增长，建筑工业正逐渐成为国民经济发展的重要领域。建筑电气工程是实现设计者意图的唯一手段，也是检验设计正确与否的主要方法。

随着我国建筑行业的不断发展，建筑市场的竞争也日益加剧。要想在激烈的市场竞争中站稳脚跟，建筑企业就需要最大限度地保证建筑电气工程的整体安装质量。另外，建筑电气工程安装在施工中会受很多因素影响，如果一个环节有问题出现就会给电气工程的整体施工质量带来严重的威胁。因此，要想让建筑电气工程安装的质量水平有所保障，就要求施工单位要采取有效的措施，将电气工程运行过程中造成的故障发生率大大降低，同时要将电气工程安装技术中的要点明确化，并引进大量的先进技术。

电力系统是由发电厂、送变电线路、供配电所和用电等环节组成的电能生产与消费系统。它的功能是将自然界的一次能源通过发电动力装置转化成电能，再经输电、变电和配电将电能供应到各用户。为实现这一功能，电力系统在各个环节和不同层次还具有相应的信息与控制系统，对电能的生产过程进行测量、调节、控制、保护、通信和调度，以保证用户获得安全、优质的电能。

电力工程建设项目管理（Project Management of Electric Power Construction, PMEPC）是项目管理的理论和方法在电力工程建设领域的应用，是工程项目管理的一个分支。电力工程建设管理一般是指工程建设者运用系统工程的观念、理论和方法，对电力工程建设进行全过程和全方位的管理。电力工程的建设经历了几个阶段，电力工业部时代是传统的自营管理模式，建设单位负责工程的建设和管理；自2003年电力改革，将国家电力公司拆分为两大电网公司和五大发电集团公司。各发电集团的成立，促进了发电企业之间的竞争，对我国电力工程建设起到了巨大的推动作用，电力工程项目如雨后春笋般发展起来，电力建设的规模创造了一个又一个高峰。

本书围绕"机电一体化建设与电力工程管理"这一主题，以机电一体化概述为切入点，并系统地论述了机电一体化控制、电气主接线与设备选择的相关内容。同时，本书还针对电力工程项目管理、电力工程项目风险管理、电力工程监理等内容，全方面诠释了电力工程管理的主题。本书内容翔实、条理清晰、逻辑合理，兼具理论性与实践性，适用于从事相关工作与研究的专业人员。

由于作者的知识和实践经验所限，书中难免有不妥和疏漏之处，欢迎读者提出宝贵意见或展开深入探讨，以利完善改进。

目 录

第一章　机电一体化概述

第一节　机电一体化概念

一、机电一体化的基本概念

机电一体化技术是机械技术、电子技术和信息技术有机结合的产物，又称机械电子技术。目前，被广泛接受的"机电一体化"的定义是：机电一体化是在机械的主功能、动力功能、信息功能和控制功能上引进微电子技术，并将机械装置与电子装置用相关软件有机结合而构成系统的技术的总称。

随着科学技术的发展，电子技术得到了蓬勃发展，从分立电子元件到集成电路，从集成电路到大规模集成电路和超大规模集成电路，特别是微型计算机的出现，使电子技术与信息技术相结合并向其他学科渗透，对推动其他学科的发展起到了不可忽视的作用。信息技术的主体包括计算机技术、控制技术和通信技术。在机械领域中，电子技术与计算机技术同机械技术相互交叉、相互渗透，使古老的机械技术焕发了青春。在原有机械基础上，引入电子计算机高性能的控制机能，并实现整体最优化，就使原来的机械产品产生了质的飞跃，变成功能更强、性能更好的新一代的机械产品或系统，这正是机电一体化产生的意义所在。

二、机电一体化技术的发展

由于机电一体化技术涵盖机械技术和电子技术，因此，机电一体化技术的发展既包括其自身的发展情况，又包括与其关系密切的电子技术的发展。

(一) 微电子器件的发展

集成电路是机电一体化的基础。近年来集成电路的集成度越来越高，目前单片集成已达几亿个元器件以上，能够用纳米级工艺制成容量巨大的动态存储器（Dynamic RAM，DRAM）。

在机电一体化产品中，大量采用了专用集成电路（Application Specific Integrated Circuit，ASIC），特别是可编程逻辑器件和现场可编程门阵列应用广泛。门阵列是指一种预先在芯片上整齐地生成由"与非"门或者"或非"门等基本单元组成的基阵列，然后随时根据用户的需要在各基本单元之间进行布线，以实现具有逻辑处理功能的集成电路。据国外报道，美国LSI逻辑公司采用0.5μm工艺已完成了150万门阵列的设计。VLSI技术公司声称可以用单元设计制成200万门阵列。日本东芝公司提出用0.35μm工艺可以制成500万门阵列，VLSI公司和日立公司则宣布已能设计出500万门阵列的实用芯片，引出脚可达1280个。

（二）微控制器的发展

机电产品机电一体化的核心是微控制器的设计。近年来，以单片机应用系统为代表的微控制器发展特别迅速，应用也越来越广泛。

自从1974年12月美国仙童公司第一个推出单片机F8以后，单片机的发展速度十分惊人，从4位机、8位机发展到16位机、32位机，集成度越来越高，功能越来越强，应用范围越来越广。目前，世界上单片机的年销售量已达数亿片以上。近年来，为了不断提高单片机的技术性能满足不同用户的要求，各公司竞相推出能满足不同需要的产品。

（1）采用双CPU结构提高处理能力。如罗克莱尔自动化公司的R6500/21和R65C29单片机采用了双CPU结构，且每一个CPU都是增强型的6502。

（2）增加数据总线的宽度。例如，NEC公司的μPD-7800系列单片机采用一个16位运算部件，内部采用16位数据总线，使其处理能力明显优于一般8位机。

（3）采用串行总线结构。例如，飞利浦公司开发的IIC（Intel-ICBUS）总线和DDB（Digital Data BUS）总线，都采用三条数据总线代替现行的8位数据总线，从而大大减少了单片机引线，降低了成本。

（4）采用流水线结构。指令以队列形式出现在CPU中，从而有很高的运算速度，如夏普公司的单片机 SM-812。有的单片机甚至采用了多流水线结构，因而具有极高的运算速度。这类单片机的运算速度比标准的单片机高出10 倍以上，特别适合用作数字信号处理。

（5）采用双单片机结构。例如，英特尔公司的 RUPI-44 系列单片机8044/8744/8344，是一个双单片机结构，其中一个为 8051/8751，另一个用以构成 SDLC/HDLC 串行接口部件（SIU），片内程序存储器中装有加电诊断、任务管理、数据传送和对用户透明的并行、串行通信服务程序。

（三）先进制造技术

先进制造技术（Advanced Manufacturing Technology, AMT）是当代制造技术的最新发展阶段，是机电一体化技术的重要组成部分。它是传统制造技术与信息技术、综合自动化技术和现代企业管理技术有机结合而产生的高技术群。

计算机集成制造系统（Computer Integrated Manufacturing System, CIMS）就是在自动化技术、信息技术及制造技术的基础上，通过计算机网络及数据库，将制造工厂全部生产活动所需的各种分散的自动化系统有机地集成起来，完成从采购原材料到售出产品的一系列生产过程的高效益、高柔性的制造系统。20 世纪 60 年代末期，在集成化 CAD/CAM 的基础上，国外有关专家提出了计算机集成制造系统的概念。

接着，在 20 世纪 70 年代，美国、日本、德国、英国、法国等一些发达国家对 CIMS 的关键技术进行了比较全面的研究，从 20 世纪 80 年代开始逐步建成了一批采用 CIMS 技术的自动化工厂。我国的有关专家也对 CIMS 技术进行了深入研究，建立了像成都飞机工业公司、沈阳鼓风机厂这样一批CIMS 工程的示范企业，为我国跟踪世界科技前沿做出了贡献。

（四）微机械加工与微机械的发展

随着机电一体化产品向小型化和微型化发展，微机械加工与微机械（又称微纳米技术）已成为机电一体化一个新的重要的发展方向。

目前，通过容积硅微加工、金属电镀、立体电沉积、电火花线切割、激光加工等微机械加工技术，已经能够加工包括微型机器人在内的各种微型机械。如美国加州大学研制成功 60mm 的静电电动机；日本精工爱普生公司研制出的光诱导自行走机器人，有 97 个零件，体积小于 $1cm^3$，移动速度 $1.4 \sim 11.3mm/s$，爬坡能力 30°，重 1.5g。我国长春光学精密机械与物理研究所也已研制出直径 3mm 的微电机，上海交通大学曾研制出直径 2mm 的微电机。总之，微机械在微细外科手术以及工业领域具有广泛的应用前景。

（五）虚拟现实

虚拟现实（Virtual Reality，VR）是一种高级的人机交互系统，它采用高性能的计算机和先进的电子技术产生逼真的视、听、触、力和动等感官的虚拟环境，给人以身临其境的感受。

该系统采用计算机图形仿真技术或立体摄像技术产生虚拟景物，用三维位置传感器跟踪人体的运动，用数据手套感知虚拟物体的几何、物理性质，并对它们进行操作，用立体声发声器产生虚拟的声音，用立体显示形成一种真三维的景象。

以数据手套为例，最初的数据手套只是一种手运动跟踪器。它们把手指的运动变化和手在 3D 钟的位置传给计算机。为了提高手套的性能，实现触觉和力反馈，美国 Advanced Robotics Research Ltd 和 Airnuacle Ltd 设计了气动触/力觉反馈装置，在适当的位置上安装可以充放气的气囊，小气囊用于产生触觉，大气囊用于产生力觉。它将光纤、发光二极管、光传感器组合起来，光纤的光强随手指弯曲程度而变化，由此即可测出手的姿态。为了提供力位反馈，Burdea 开发了一个可移动的"主手"。它由四个直接驱动的微型气缸组成，安装在位于手套掌心一个 L 形的小平面上，每个气缸有一个锥形工作区间，总质量为 $40 \sim 60g$。数据手套可用于控制远处机器人进行灵巧操作或在虚拟人体上进行手术训练。

虚拟现实技术是机械电子技术中的又一新技术，在医学、科研、军事、航空航天和机器人等方面都有重要应用，被看作综合国力的象征之一。

三、机电一体化系统的构成

机电一体化系统通常由五大要素构成，即动力源、传感器、机械结构、执行元件和电子计算机。因此，机电一体化系统是由若干具有特定功能的机械与信息系统组成的有机整体，具有满足一定使用要求的功能。根据不同的使用目的，要求系统能对输入的物质、能量和信息（工业三大要素）进行某种处理，输出所需要的物质、能量和信息。同时，机电一体化系统的性能在很大程度上取决于控制系统的好坏。控制系统不仅与计算机及其输入、输出的通道有关，更与所采用的控制技术密切相关。

对于一个机电一体化产品或设备，应以系统整体的思想来考虑机电系统许多综合性的技术问题。例如，一台多关节机器人，就存在各运动部件之间的力耦合，各运动轴伺服系统的干扰和相互影响，系统动力学与控制规律和运动精度之间的关系，机器人与外围设备的连接，机器人各部分之间的协调运动和机器人防护安全连锁等问题。这些问题构成了机器人的系统技术问题，必须通过系统工程和系统设计的理论来解决。其中，系统工程是为使系统达到最佳状态而对系统的组成部件、组织结构、信息传递、控制机构等进行分析、设计和优化的技术。而系统设计的第一个特点是具有综合性，这需要把系统内部和外部综合起来考虑。要设计一个复杂的系统，首先就要把系统分解成许多分系统，建立各个分系统的数学模型，最后再进行最优设计。系统设计的另一个重要特征是系统的均衡设计，均衡设计就是要恰当地选择元件，以构成性能优异的系统。如果设计者只注重元件设计而忽视优化组合过程，那么即使是经过精心筛选的元件，也可能组成性能低劣的系统。

需要注意的是，机电一体化系统是通过信息技术将机械技术与电子技术融为一体构成的最佳系统，而不是机械技术与电子技术的简单叠加。因此，必须有机地、灵活地运用现有机械技术、电子技术和信息技术，采用系统工程的方法，使整个系统达到最优化，即设计最优化、加工最优化、管理最优化和运行方式最优化，使各功能要素能够构成最佳组合。

四、机电一体化的意义

机电一体化技术可以用来设计新型的机电一体化产品，改造旧的机电产品，使机电产品的面貌有很大改观，从而达到功能增强、体积减小、重量减轻、可靠性提高、性能价格比改善的目的。

第二节　机电一体化技术的分类

一、机电一体化技术的分类依据

从广义上来说，机电一体化技术有着极广的含义，自动化的机械产品、自动化的生产工艺、设备的故障诊断与监测监控技术、数控技术、CAD 技术、CAPP 技术、CAM 技术、集成化的 CAD/CAPP/CAM 技术、专家系统、计算机仿真、企业的计算机管理、机器人工程等，都属于机电一体化的范畴。

目前，世界上普遍认为机电一体化有两大分支，即生产过程的机电一体化和机电产品的机电一体化。

生产过程的机电一体化意味着整个工业体系的机电一体化，如机械制造过程的机电一体化、冶金生产的机电一体化、化工生产的机电一体化、粮食及食品加工过程的机电一体化、纺织工业的机电一体化、排版与印刷的机电一体化等。生产过程的机电一体化根据生产过程的特点又可划分为离散制造过程的机电一体化和连续生产过程的机电一体化。前者以机械制造业为代表，后者以化工生产流程为代表。生产过程的机电一体化包含诸多的自动化生产线、计算机集中管理和计算机控制。生产过程的机电一体化既需要具体的专业知识，又需要机械技术、控制理论和计算机技术方面的知识，是内容更为广泛的机电一体化。

机电产品的机电一体化是机电一体化的核心，是生产过程机电一体化的物质基础。传统的机电产品加上微机控制即可转变为新一代的产品，而新产品较之旧产品功能强、性能好、精度高、体积小、重量轻、更可靠、更方便，具有明显的经济效益。机电一体化产品根据结构和电子技术与计算机技术在系统中的作用可以分为三类。

（1）原机械产品采用电子技术和计算机控制技术，从而产生性能好、功能强的新一代机电一体化产品，如微电脑洗衣机、机器人等。

（2）用集成电路或计算机及其软件代替原机械的部分结构，从而形成机电一体化产品，如电子缝纫机、电子照相机，以及用交流或直流调速电动机代替的变速器等。

（3）利用机电一体化原理设计全新的机电一体化产品，如传真机、复印机、录像机等。

二、机械制造过程的机电一体化

机械制造过程的机电一体化包括产品设计、加工、装配、检验的自动化，生产过程自动化，经营管理自动化等，其高级形式是计算机集成制造系统。

三、机电产品的机电一体化

原机电产品引入电子技术和计算机控制技术就形成了所谓的新一代产品——机电一体化产品。典型的机电一体化产品体现了机电的深度有机结合。近年来，新开发的机电一体化产品大多采用了全新的工作原理，集中了各种高新技术，并把多种功能集成在一起，因其体积小、重量轻、成本低、高效节能，在市场上具有极强的竞争能力。由于在机电一体化产品中往往要引入仪器仪表技术，所以国内也有些人称之为机、电、仪一体化产品。

机电一体化产品，特别是复杂的机电一体化产品，存在多种能量转换和多重复杂的非线性耦合。这些设备在工作过程中要求各执行机构以所需的相对运动规律协调运动，但由于系统的复杂性以及制造误差，很难保证足够的运动精度和稳定性，从而使机器人手臂颤动；数控机床达不到所需的加工精度；高速运行的汽轮机转子由于运动规律的变化，而造成重大设备事故；带材冷连轧机在高速轧制薄规格带材时，轧机发生剧烈振动，迫使轧机降速运行，严重影响带材的质量和产量。这些都说明在复杂机电一体化产品中存在深度的机电有机结合，而这种特性，特别是机电系统动力学特性在设备设计和运行过程中，还没有被充分考虑。因此，如何在复杂的机电一体化产品的结构设计和控制软件设计中充分考虑这些特性，使系统按所需运动规律协调运动，并能够保证足够的运动精度和稳定性，即在设计和运行过程中，把系统协调运动控制与机电系统动力学特性有机地结合起来，是机电一体化产品设计中必须认真解决的关键问题之一。

第三节　机电一体化的相关技术

一、机电一体化传感检测技术

(一) 传感器组成与分类

传感器是能够检测出自然界中的各种物理量 (或者化学量),并转换成相应非电量或电量的装置,又称为变送器、换能器或探测器。目前,传感器在所有领域的工业制品中已经是不可缺少的重要部件。

在机电一体化系统中,被测量主要指各种物理量。机电一体化中涉及的重要物理量主要有:位置(位移)、速度、加速度、角度、转速,以及温度、湿度、光量、电量、流量、磁场、AE、超声波、红外线等。

1. 传感器的组成

传感器一般由敏感元件、转换元件和其他辅助部件组成。

(1) 敏感元件是一种能够将被测量转换成易于测量的物理量的预变换装置,而输入、输出间具有确定的数学关系 (最好为线性)。如弹性敏感元件将力转换为位移或应变输出。

(2) 传感元件是将敏感元件输出的非电物理量转换成电信号 (如电阻、电感、电容等) 形式。例如,将温度转换成电阻变化,位移转换为电感或电容等传感元件状态的变化。

(3) 基本转换电路是将电信号量转换成便于测量的电量,如电压、电流、频率等。有些传感器 (如热电偶) 只有敏感元件,感受被测量时直接输出电动势。有些传感器由敏感元件和转换元件组成,无须使用基本转换电路,如压电式加速度传感器。还有些传感器由敏感元件和基本转换电路组成,如电容式位移传感器。有些传感器,转换元件不止一个,要经过若干次转换才能输出电量。大多数传感器是开环系统,但也有个别是带反馈的闭环系统。

2. 传感器的分类

传感器分类方法很多,概括起来可按以下几方面分类:

(1) 按工作的物理原理分为机械式、电气式、辐射式、流体式传感器等。

(2) 按信号的变换特征分为物性型和结构型传感器。

结构型传感器主要通过机械结构几何形状或尺寸的变化将外界被测量转换为相应的电阻、电感、电容等物理量,从而检测出被测量信号。

物性型传感器利用某些材料本身物理性质的变化而实现测量。它是以半导体、电介质等作为敏感材料的固态器件。

(3) 按传感器输出信号类型分为模拟型、开关型和数字型传感器。

开关型传感器只有"1"和"0"两个值,表示分开和关两个状态。如行程控制时使用的限位开关就是用来输出开关量信号的。

数字型传感器分为计数型和代码型。计数型常用于检测通过传送带上产品的个数,又称为脉冲数字型;代码型传感器又称为编码器,输出的信号为数字代码。

模拟型传感器输出信号为一定范围的电流或电压模拟信号。对于热敏电阻器和应变片等传感器信号来说,其阻抗值变化而引起的信号变化是连续的,因此,这些传感器信号是模拟信号。

一般情况下,传感器信号需要由控制器来进行处理,当处理传感器信号时,需要把模拟信号和数字信号区别开。因此,必须掌握传感器信号的性质,才能利用控制器正确完成传感器信号的处理。

(4) 按与被测量间的关系分为能量转换型和能量控制型。

(5) 市场上销售的传感器类型主要按被测物理量来分类。一般分为位置传感器、位移传感器、速度传感器、加速度传感器、温度传感器等。

(二) 典型常用传感器

1. 位置传感器

目前,工厂设备若要实现自动化和无人化管理,位置传感器必不可少,特别是对 CNC 机床和工业机器人进行控制时,位置传感器起着非常重要的作用。

按照是否为接触检测,位置传感器可分为接触式传感器、非接触式传感器等。接触式传感器包含封入式传感器、微动传感器、精密式传感器等极限开关;非接触式传感器分为接近传感器和光电传感器。近年来,非接触式的接近传感器和光电传感器获得了极为广泛的应用。

2. 位移传感器

按照运动形态，位移传感器可分为直线位移传感器和角位移传感器。直线位移传感器主要有差动变压器、电位器、光栅尺、光学式位移测定装置等。角位移传感器主要有旋转编码器等。

位移传感器还可以分为模拟式传感器和数字式传感器，模拟式传感器输出是以幅值形式表示输入位移的大小，如电容式传感器、电感式传感器等；数字式传感器的输出是以脉冲数量的多少表示位移的大小，如光栅传感器、磁栅传感器、感应同步器等。光电编码盘输出的是一组不同的编码，代表不同的角度位置。

3. 速度和加速度传感器

速度、加速度测试有许多方法，可以使用直流测速机直接测量速度，也可以通过检测位移换算出速度和加速度，还可以通过测试惯性力换算出加速度。

4. 温度传感器

无论在家用电器产品中的温度控制以及化学工厂中的温度检测等应用场合，还是在水位、温度、流速、压力等应用场合的计量与控制中，都广泛采用了各种温度传感器。按温度测量方式来分，温度传感器可分为接触式温度传感器和非接触式温度传感器。

二、机电一体化伺服驱动技术

伺服的意思就是"伺候服侍"，就是在控制指令的指挥下，控制驱动元件，使机械系统的运动部件按照指令要求进行运动。伺服系统是一种能够跟踪输入的指令信号进行动作，从而获得精确的位置、速度及动力输出的自动控制系统。伺服系统主要用于机械设备位置和速度的动态控制。加工中心的机械加工过程就是一个典型的伺服控制过程，位移传感器不断地将刀具进给的位移传送给计算机，通过与加工位置目标比较，计算机输出继续加工或停止加工的控制信号。

（一）伺服驱动系统的种类及特点

绝大部分机电一体化系统都具有伺服功能，机电一体化系统中的伺服控制是为执行机构按设计要求实现运动而提供控制和动力的重要环节。

伺服系统本身就是一个典型的机电一体化系统。无论多么复杂的伺服系统，都是由若干功能元件组成的。

（1）比较元件是将输入的指令信号与系统的反馈信号进行比较，以获得输出与输入间偏差信号的环节，通常由专门的电路或计算机来实现。

（2）调节元件又称控制器，通常是计算机或 PID 控制电路，主要任务是对比较元件输出的偏差信号进行变换处理，以控制执行元件按要求完成动作。

（3）执行元件的作用是按控制信号的要求，将输入的各种形式的能量转化成机械能，驱动被控对象工作。机电一体化系统中的执行元件一般指各种电动机或液压、气动伺服机构等。

（4）被控对象是指被控制的机构或装置，是直接完成系统目的的主体。一般包括传动系统、执行装置和负载。

（5）测量、反馈元件是指能够对输出进行测量，并转换成比较元件所需要的量钢装置。一般包括传感器和转换电路。无论采用何种控制方案，系统的控制精度总是低于检测装置的精度。

在实际的伺服控制系统中，上述每个环节在硬件特征上并不独立，可能几个环节在一个硬件中，如测速直流电动机既是执行元件又是检测元件。

伺服系统的种类很多，按其驱动元件的类型分类，可分为电气伺服系统、液压伺服系统、气动伺服系统。电气伺服系统根据电动机类型的不同又可分为直流伺服系统、交流伺服系统和步进电动机控制伺服系统。一般我们也将驱动元件称作执行元件或执行器、执行机构。

按控制方式分类，伺服系统又可分为开环控制伺服系统、闭环控制伺服系统和半闭环控制伺服系统。

开环控制伺服系统结构简单、成本低廉、易于维护，但由于没有检测环节，系统精度低、抗干扰能力差。闭环控制伺服系统能及时对输出进行检测，并根据输出与输入的偏差，实时调整执行过程，因此系统精度高，但成本也大幅提高。半闭环控制伺服系统的检测反馈环节位于执行机构的中间输出上，因此在一定程度上提高了系统的性能。如位移控制伺服系统中，为了提高系统的动态性能，增设的电动机速度检测和控制就属于半闭环控制环节。

(二)执行器及其选取依据

执行器通常又称为驱动器、调节器等，是驱动、传动、拖动、操纵等装置、机构或元器件的总称。目前，我国关于执行器的称谓还不尽一致。以往所指的电动、液动、气动执行器大多是按照采用动力源形式进行分类的器件，都是通过物体的结构要素实现对目的物的驱动和操作。与其相对应的则是物性型执行器，这种执行器主要是利用物体的物性效应（包括物理效应、化学效应、生物效应等）实现对目的物的驱动与操作。例如，利用逆压电效应的压电执行器，利用静电效应的静电执行器，利用电致与磁致伸缩效应的电与磁执行器，利用光化学效应的光化学执行器，利用金属的形状记忆效应的仿生执行器等。由此可见，这种利用物性效应的执行器与利用该效应的传感器一一对应，且两者互为逆效应。此外，执行器还有更为广泛的概念：如果把工程实体看作一个系统，传感器担当信息采集，电子计算机担当信息处理，那么，信息的执行就是执行器的任务。如果把计算机称为"电脑"，传感器称为"电五官"，那么，执行器就是"电手足"了。只有三者有机结合，才能构成完整的自动化、智能化系统。足见执行器涵盖领域之广泛。

在许多工业应用中，至少有一个阶段是利用执行器（如电动机）将原动能（主要是指电能）转化为机械运动。更为重要的是，在系统中有诸如液压和气动系统等中间转化环节的存在。这些环节大大影响了整部机器的总效率。例如，气缸用来对某一负载定位似乎是有效的手段，但在设计整个系统时，必须考虑到从电动机到空气压缩机各个阶段的损失，包括压缩过程、压缩空气传输系统以及气缸本身的控制方法等因素。对于控制用的执行器，除能量转换效率外，更注重速度、位置精度等性能指标。

动力转换装置和运动转换装置是难以区分的，因为各种不同类型的转换装置能完成同一种功能。选用何种动力和运动转换装置，取决于考虑问题的角度和设计者的经验偏好，可以有多种可行选择。

(三)输出接口装置

执行元件与负载之间的连接方式一般有两种形式：一种是与负载固定

连接，直接驱动；另一种是通过不同的机械传动装置（如齿轮传动链、带传动）与负载相连。这些机械传动装置就是执行元件的输出接口装置。

执行元件选用直线运动的液压缸或气缸时，往往采用直接驱动方式；选用回转运动的电动机或液压电动机时，若负载惯量和负载力矩较小，宜采用低速电动机或采用低传动比的机械传动装置与负载相连，以得到较大的力矩惯量比，获得好的加速性能，而负载惯量较大时，宜采用高传动比的机械传动装置与负载相连，以便获得较高的驱动系统固有频率。

第四节　机电一体化设计方法

传统的设计方法和各种现代设计方法是普遍适用的，当然也适用机电一体化产品的设计。而机电产品的机电一体化设计方法又是现代设计方法的重要组成部分。机电一体化是机械技术、电子技术和信息技术的有机结合，需要考虑哪些功能由机械技术实现，哪些功能由电子技术实现，还需要进一步考虑在电子技术中哪些功能由硬件实现，哪些功能由软件实现，存在机电有机结合如何实现，机、电、液传动如何匹配，机电一体化系统如何进行整体优化等不同于传统机电产品设计的一些特点。因此，机电一体化产品必然有一些特有的设计方法，能够综合运用机械技术和电子技术的特长，使其充分发挥机电一体化的优越性。

一、模块化设计方法

机电一体化产品或设备可设计成由相应于五大要素的功能部件组成，也可以设计成由若干功能子系统组成，而每个功能部件或功能子系统又包含若干组成要素。这些功能部件或功能子系统经过标准化、通用化和系列化，就成为功能模块。每一个功能模块可视为一个独立体，在设计时只需了解其性能规格，按其功能来选用，而无须了解其结构细节。

作为机电一体化产品或设备要素的电动机、传感器和微型计算机等都是功能模块的实例。如交流伺服驱动模块就是一种以交流电动机或交流伺服电动机为核心的执行模块。它以交流电源为其主工作电源，使交流电动机的

机械输出 (转矩、转速) 按照控制指令的要求而变化。

在新产品设计时,可以把各种功能模块组合起来,形成我们所需的产品。采用这种方法可以缩短设计与研制周期,节约工装设备费用,从而降低生产成本,也便于生产管理、使用和维护。例如,将工业机器人各关节的驱动器、检测传感元件、执行元件和控制器做成机电一体化的驱动功能模块,可用来驱动不同的关节;还可以研制机器人的机身回转、肩部关节、臂部伸缩、肘部弯曲、腕部旋转、手部俯仰等功能模块,并将其进一步标准化、系列化,就可以用来组成结构和用途不同的各种工业机器人。

二、柔性化设计方法

将机电一体化产品或系统中完成某一功能的检测传感元件、执行元件和控制器做成机电一体化的功能模块,如果控制器具有可编程序的特点,那该模块就成为柔性模块。例如,采用凸轮机构可以实现位置控制,但这种控制是刚性的,一旦运动则难以调节。若采用伺服电动机驱动,则可以使机械装置简化,且利用电子控制装置可以进行复杂的运动控制,以满足不同的运动和定位要求。采用计算机编程还可以进一步提高该驱动模块的柔性。例如,采用凸轮机构,若想改变原有的运动规律,则必须改变凸轮外廓的几何形状,但若采用计算机控制的伺服电动机驱动,则只需改变控制程序即可。

三、取代设计方法

取代设计方法又称为机电互补设计方法。该方法的主要特点是利用通用或专用电子器件取代传统机械产品中的复杂机械部件,以便简化结构,获得更好的功能和特性。

(1) 用电力、电子器件或部件与电子计算机及其软件相结合取代机械式变速机构。

(2) 用 PLC (可编程序控制器) 取代传统的继电器控制柜,大大地减小了控制模块的重量和体积,并使其柔性化。实际上,可编程序控制器便于嵌入机械结构内部。

(3) 用电子计算机及其控制程序取代凸轮机构、插线板、拨码盘、步进开关和时间继电器等,以弥补机械技术的不足。

(4) 用数字式、集成式 (或智能式) 传感器取代传统的传感器，以提高检测精度和可靠性。智能传感器是把敏感元件、信号处理电路与微处理器集成在一起的传感器。集成式传感器有集成式磁传感器、集成式光传感器、集成式压力传感器和集成式温度传感器等。

取代设计方法既适用于旧产品的改造，也适用于新产品的开发。例如，可用单片机应用系统 (微控制器)、可编程序控制器 (PLC)、驱动器取代机械式变速 (减速) 机构、凸轮机构、离合器，代替插线板、拨码盘、步进开关和时间继电器等；又如采用多机驱动的传动机构代替单纯的机械传动机构，可省去许多机械传动件，如齿轮、带轮和轴等。其优点是可以在较远的距离实现动力传动，大幅度提高设计自由度，增加柔性，有利于提高传动精度和性能。这就需要开发相应的同步控制、定速比控制、定函数关系控制及其他协调控制软件。

四、融合设计方法

融合设计方法是把机电一体化产品的某些功能部件或子系统设计成该产品所专用的部件或子系统的方法。用这种方法可以使该产品各要素和参数之间的匹配问题被考虑得更充分、更合理、更经济、更能体现机电一体化的优越性。融合设计方法还可以简化接口，使彼此融为一体。例如，在激光打印机中就把激光扫描镜的转轴与电动机轴制作成一体，使结构更加简单、紧凑。在金属切削机床中，把电动机轴与主轴部件制作成一体，是驱动器与执行机构相结合的又一实例。

国外还有把电动机 (驱动器) 与控制器做成一体的。在大规模集成电路和微型计算机不断普及的今天，完全能够设计出传感器、控制器、驱动器、执行机构与机械本体完全融为一体的机电一体化产品。融合设计方法主要用于机电一体化新产品的设计与开发。

五、机电一体化系统设计方法

随着科学技术的发展及对产品性能要求的不断提高，使得设计新理论、新方法、新技术不断涌现。现代设计方法与以经验公式、图表和手册为设计依据的传统设计方法不同，设计人员必须根据用户需求和市场状况进行分析，以计算机作为辅助手段，并着眼于产品全寿命周期的设计，从其通用性、耐环境性、可靠性、经济性上进行综合分析，使设计的机电系产品充分发挥机电一体化的功能。

（一）机电一体化系统传统设计方法

机电一体化系统的传统设计方法有机电互补设计法、机电结合设计法、机电组合设计法、反向设计法等常用设计方法。其目的是综合应用机械技术和微电子技术各自的特长，设计最佳的机电一体化系统产品。

1. 机电互补设计法

机电互补法也可称为取代法。该方法主要是采用通用或专用电子产品取代传动机械系统（或产品）中的复杂机械功能部件或功能子系统，以弥补其不足。例如机械加工产品，用变频调速控制器和微型计算机系统取代机械式变速机构、凸轮机构、离合器等机构，以弥补机械技术的不足，不但能简化机械结构，还可提高系统（或产品）的性能和质量，这种方法是改造传统机械产品和开发新型产品常用的方法。在机电系统改造设计中，根据实际系统进行二次设计，充分利用电子技术、控制技术、电动机驱动技术和计算机技术，以提高所改造机电系统的性能和功能。

2. 机电结合设计法

在机电一体化系统设计中，为了实现单元部件的标准化、通用化、系列化，常把各组成部件有机结合为一体，构成专用或通用的功能单元系统，充分利用不同部件之间机电参数的有机匹配。例如，信号控制开关，采用的是信号放大电路和继电器结合，实现了小信号控制大信号作用；微型电动机系统，采用的是功率放大电路和微型电动机结合；功能式传感器采用的是传感器和放大器结合。在大规模集成电路生产工艺技术水平提高，精密机械技术和计算机技术发展的今天，完全能够设计出执行元件、执行机构、检测传感器、多种放大器控制与机械等有机结合的部件。

3. 机电组合设计法

组合设计法用于机电一体化系统设计中，具体的设计是把结合法制成的功能部件（或子系统）、功能模块，像积木那样组合成各种机电一体化系统，故称为组合法。例如，把传感器、放大器、记录仪组合成测试系统；信号源、驱动器、步进电动机组成电动机控制系统；把工业机器人各自由度的执行元件、执行机构、检测传感元件和控制单元等组成机电一体化的功能部件，可用于不同的关节，组成工业机器人的回转、伸缩、俯仰等功能模块系列，从而组合成结构和用途不同的工业机器人。在新产品及机电一体化系统设计中，采用这种设计方法，可以缩短设计与研制周期，节约工装设备费用，有利于生产管理、使用和维修，但必须引入现代化的优化设计手段，采用最佳组合法设计出优良的机电一体化系统。

4.反向设计法

当确定要开发新产品后，选定市场上当前最流行的有代表意义的优秀产品，进行解剖、测绘、分析、评估，最后提出设计分析报告和建议，以确定自己的开发策略，这一整套工作就是通常所称的反向设计法。进行反向设计的目的是开发新的产品，因此，它可以说是正向设计的一个必要步骤。正向设计始于市场调查，设计出最新产品，两者的顺序恰好相反。反向设计是市场竞争最有力、也最有效的方法，但必须遵守知识产权规则。反向设计法能"知己知彼，百战不殆"。通过解剖分析竞争对手的产品，可以了解它们的关键技术所在，产品的设计思想，采用了什么新技术，必须对产品的性能和技术路线进行恰如其分的评估，从而启发自己的创新思路，以弃之短，取用之长。在进行开发性设计时，反向设计绝不是简单地模仿，反向设计是为了借鉴，目的在于以更快的速度创新性地设计出新的机电产品。

(二) 机电一体化系统现代设计方法

伴随技术进步及计算机技术的广泛应用，传统的设计方法已不能满足设计要求。在机电一体化系统设计中，应充分利用系统工程的观点，把产品开发和设计放在人—机—环境系统一体化中进行，形成一套科学的设计方法，采用新的设计理论和方法进行动态分析和计算，实现计算机化，有效地提高机电一体化系统设计效率。

目前所采用的现代设计方法有以下几种：

(1)科学类比设计法。它是利用同类事物间静态与动态的相似性，利用量纲分析，根据数学模拟和物理模拟等方法，求解出设计系统之间的函数关系，再进行详细设计。例如人造卫星推进系统设计、三峡工程初期预测工程系统设计等。

（2）信号分析设计法。它是建立在信息论基础上的一种设计方法。一种是指根据市场信息、市场需求、生产批量、产品性能参数、应用功能等进行设计。另一种是指设计的机电一体化产品的动态性能参数、结构参数等都需要经试验测试得到，采用分析处理和识别，确定相应的各种要求的数据信息，是优化设计和计算机辅助设计的必要计算基础。

（3）模块化设计法。利用模块化原理和"相似原理"进行"变形"设计、通用性设计、系列化设计。作为机电一体化产品或设备要素的电动机、传感器和微型计算机等都是功能模块的实例。例如计算机配件设计、测试仪设计、计算程序设计等。

（4）可靠性设计法。在机电一体化系统设计中，充分利用可靠性设计理论、设计方法，对所设计产品进行可靠性分析及可靠性评估和预测，采用多种先进的设计手段提高产品可靠性。

（5）动态设计法。它是建立在控制论基础上的方法，在设计中要进行各种动态试验，根据试验结果分析处理，提高设计的可靠性及安全性，环境条件的适应性。例如兵器产品研制过程中的地面试验、飞行试验，以及不同环境条件下的各种试验等。

（6）优化设计法。优化设计法是利用计算机技术，按照优化准则，利用实物模型，数学规划论和计算机技术的综合，经反复计算和分析后确定最佳设计方案，使工程设计最优化。

（7）计算机辅助设计法。利用计算机系统对设计对象进行最佳设计的方法，采用计算机辅助设计可快速地进行资料检索、参数计算，确定系统结构，自动绘图。例如，机器人的各种运动状态就可以进行相关的模拟。

现代设计方法的设计步骤一般分为技术预测、信号分析、科学类比、仿真设计、系统优化设计、创造性设计等环节，根据具体要求可选择各种具体的现代设计方法。

现代设计方法与传统设计方法相比，现代设计在概念、方法和手段上有以下特征：

①现代设计方法立足于明确设计任务与设计目标，全面、系统地确定设计过程的设计条件和最终设计结果，用现代设计原理和理论做指导，因此

可以使设计过程坚定不移地从实际出发，达到预定的设计目标，可以获得很高的设计成功率，取得优于传统设计的结果。

②现代设计方法特别强调抽象的设计构思，防止过早地进入某一已经定型的实体结构进行分析，以便对系统的原理和结构关系做本质的和创新的设计构思。因此，现代设计注重系统地进行概念设计、仿真性设计，并采用多种方法形象地表达设计结果。

③现代设计方法经常采用扩展性的设计思维，自始至终地寻求多种可行的方案构思，以便从中选择令人满意的最佳方案，改变传统设计中惯用的封闭式的设计思维，避免发生忽略方案搜索的现象，能够达到很高的满意程度。因此，现代设计方法强调专家评价决策，尽量避免直接决策，排除决策中的主观因素，通过专家对设计方案的评审，使得在评审中所选定的设计方案能够达到最佳的设计水平。

④现代设计方法常采用结构优化设计方法，对所设计的系统结构形式、技术参数和技术性能进行不同性质的优化设计，以求得综合优化设计的效果。

⑤现代设计方法常采用计算机辅助设计。无论是图形构思、绘制，还是动、静态参数计算，都采用了计算机应用设计技术。这不仅使设计人员从繁重的设计工作中解脱，也提高了设计工作的质量和准确度，并可把主要精力集中于创造性设计工作上。由于机电一体化技术是一门综合性技术的应用，因此现代设计方法在机电一体化系统设计中也将逐步得到广泛的应用。

机电一体化系统设计是对现代机械系统设计、电子系统设计、控制系统设计、计算机应用技术设计的充分应用。所以，在机电一体化系统设计和研究中，尤其是针对不同的复杂机电系统的设计，运用现代设计的理念、理论和方法，是十分必要的。

第五节　机电一体化产品的整体优化

一、机械技术和电子技术的综合与优化

随着机械结构的日益复杂和制造精度的不断提高，机械制造的成本显

著增加，仅仅依靠机械本身的结构和加工精度来实现高精度和多功能的要求是不可能的。而对于同样的功能，有时既可以通过机械技术来实现，也可以通过电子技术和软件技术来实现。这就要求设计者既要掌握机械技术，又要掌握电子技术和计算机技术，站在机电有机结合的高度，对机电一体化产品或系统予以通盘考虑，加以优化，以便决定哪些功能由机械技术来实现，哪些功能由电子技术来实现，并对机电系统的各类参数（机、电、光、液等）加以优化，使系统或产品工作在最优状态——体积最小、重量最轻、功能最强、成本最低、功耗最小。常用的优化方法有数学规划法、最优控制理论和方法、遗传算法、神经网络等。

二、硬件和软件的交叉与优化

在机电一体化系统中，有些功能既可以通过硬件来实现，也可以通过软件来实现。究竟应该采用哪一种方法来实现，也是对机电一体化产品或系统进行整体优化的重要问题之一。这里所说的硬件应该包括两个方面：一个是电子电路，一个是机械结构。例如，PID 控制功能可以通过模拟电路 PID 控制器来实现，也可以通过计算机软件 PID 控制程序来实现。计算机控制在现代工业中已获得非常广泛的应用。计算机软件在控制精度以及性能价格比等方面都比模拟控制器有明显的优越性，可以很方便地改变控制规律，尤其当采用计算机控制多个生产过程时，上述优点就显得更加突出。对于机械结构，也有很多功能可以通过软件来实现。首先，在利用通用或专用电子部件取代传统机械产品或系统中的复杂机械部件时，一般都需要配合相应的计算机软件。其次，由于微型计算机受字长与速度的限制，采用软件的速度往往没有采用硬件的速度快。例如，要实现数控机床的轮廓轨迹控制，其必不可少的一个重要功能就是插补功能，而实现插补就有硬件插补、软件插补和软硬件结合插补等多种方案。软件插补方便灵活，容易实现复杂的插补运算并获得较高的插补精度。若采用硬件插补，费用则必然增加。但采用硬件插补，只需配合普通微型计算机，即可设计出一块或几块专用大规模集成电路芯片（专用插补器），从而可以大大加快插补运算速度。如果既要求高的插补精度，又要求较高的插补速度，就可采用软硬件结合的办法。

对于由电子电路组成的硬件所能实现的功能，在大多数情况下既可以用硬件来实现，也可以用软件来实现。一般来说，如必须用分立元件组成硬件，那么不如采用软件，因为与采用分立元件组成的电路相比，采用软件不需要底板，不需要元器件，无须焊接，可以减少因焊接不良或脱焊而引起的故障，并且所需的功能也易于修改。如果能用通用的 LSI 和 VLSI 芯片组成所需电路，最好采用硬件，因为用通用的 LSI 和 VLSI 芯片组成的电路不仅价格低廉，而且可靠性高、处理速度快。

三、机电一体化产品的整体优化

以计算机为工具，以非线性数学规划为方法的优化设计是普遍适用的，即首先建立机电一体化系统的数学模型，确定变量，拟定目标函数，列出约束条件；其次选择合适的计算方法，如搜索法、复合型法、可行方向法、惩罚函数法、坐标轮换法、共轭梯度法等；最后编制程序，用计算机求出最优解。但由于机电一体化系统的复杂性，目前还无法找到一个通用的机电一体化的数学模型对机电一体化产品进行整体优化，而只能针对具体产品、具体问题进行优化求解。

第二章 机电一体化控制及接口技术

第一节 控制技术概述

机电一体化控制是一门理论性很强的工程技术，通常称为"自动控制技术"，把实现这种技术的理论称为"自动控制理论"。而由各种部件组成以实现具体生产对象的自动控制的系统，则称为"自动控制系统"。自动控制所使用的技术可以是电气、液压、气动、机电以及电液等诸多方法，而采用计算机实现自动控制是机电一体化控制技术中最为常见的手段。

一、机电一体化系统的控制形式

机电一体化控制本质上就是自动控制，机电一体化系统的控制形式就是自动控制系统的不同分类方式。自动控制是指在无人直接参与的情况下，利用控制装置，使被控对象的被控量准确地按照预期的规律变化。自动控制理论是研究自动控制过程共同规律的技术学科，是研究自动控制系统组成、进行系统分析设计的一般性理论。根据它的不同发展阶段与内容，可将其分为经典控制理论、现代控制理论及智能控制理论三个阶段。

按照输出量对控制作用的影响不同，机电一体化系统可分为开环控制系统和闭环控制系统。

(一) 开环控制系统

开环控制的机电一体化系统是没有反馈的控制系统，这种系统的输入直接送给控制器，并通过控制器对受控对象产生控制作用。一些家用电器、简易 NC 机床和精度要求不高的机电一体化产品都采用开环控制方式。开环控制机电一体化系统的优点是结构简单、成本低、维修方便；缺点是精度较低，对输出和干扰没有诊断能力。

(二) 闭环控制系统

闭环控制的机电一体化系统的输出结果经传感器和反馈环节与系统的输入信号比较产生输出偏差，输出偏差经控制器处理再作用到受控对象，对输出进行补偿，实现更高精度的系统输出。现在的许多制造设备和具有智能的机电一体化产品都选择闭环控制方式，如数控机床、加工中心、机器人、雷达、汽车等。闭环控制的机电一体化系统具有高精度、动态性能好、抗干扰能力强等优点。它的缺点是结构复杂、成本高、维修难度较大。

按输出量的形式，控制系统可分为位置、速度、加速度、力和力矩等类型。按输入信号的变化规律，可将控制系统分为恒值控制系统和随动系统。若系统给定值为一定值，而控制任务就是克服扰动，使被控量保持恒值，此类系统称为恒值系统。随动系统又可分为跟踪系统和程序控制系统，若系统给定值按照事先不知道的时间函数变化，并要求被控量跟随给定值变化，则此类系统称为跟踪系统；若系统的给定值按照一定的时间函数变化，并要求被控量随之变化，则此类系统称为程序控制系统。恒温调节系统、自动火炮系统、机床的数控系统则分别是恒值、跟踪及程控系统的一个实例。

按系统中所处理信号的形式，控制系统又可分为连续控制系统和离散控制系统。若系统各部分的信号都是时间的连续函数即模拟量，则称系统为连续系统。若系统中有一处或多处信号为时间的离散函数，如脉冲或数码信号，则称之为离散系统。如果离散系统中既有离散信号又有模拟量，也称为采样系统。

二、控制系统的基本要求和一般设计方法

为了使被控量按照预定的规律变化，对自动控制系统提出了稳 (稳定性)、准 (准确性)、快 (快速性) 的基本要求。

稳定性是保证控制系统正常工作的先决条件，这是对控制系统的一个基本要求。系统的稳定性有两层含义：一是系统稳定，叫作绝对稳定性，通常所讲的稳定性就是这个含义；二是输出量振荡的强烈程度，称为相对稳定性。线性控制系统的稳定性是由系统本身的结构与参数所决定的，与外部条件无关。

快速性是系统在稳定的条件下，衡量系统过渡过程的形式和快慢，通常称为"系统动态性能"。在实际的控制系统中，不仅要求系统稳定，而且要求被控量能迅速地按照输入信号所规定的形式变化，即要求系统具有一定的响应速度。

准确性是在系统过渡过程结束后，衡量系统输出（被控量）达到的稳态值与系统输出期望值之间的接近程度。除了要求控制系统稳定性好、响应速度快以外，还要求控制系统的控制精度高。

"稳"与"快"是说明系统动态（过渡过程）品质。系统过渡过程产生的原因是系统中储能元件的能量不可能突变。"准"说明系统的稳态（静态）品质。

在传统的控制系统设计中，把控制对象不作为设计内容，设计任务只是采用控制器来调节已经给定的被控对象的状态。而在机电一体化控制系统设计中，控制系统和被控对象是有机结合的，两者都在设计范畴之内，这就使得设计的选择性和灵活性更大。控制系统设计的基本方法是把系统中的各个环节先抽象成数学模型进行分析和研究，不论具有何种量纲，都在模型中以相同的形式表达，用相同的方法分析，因而各环节的特性可按系统整体要求进行匹配和统筹设计。

控制系统设计一般可按下面四个步骤来进行：

（1）准备阶段。对设计对象进行机理分析和理论分析，明确被控对象的特点及要求；限定控制系统的工作条件及环境，确定安全保护措施及等级；明确控制方案的特殊要求；确定技术经济指标；制定试验项目及指标。

（2）理论设计。建立被控对象的数学模型，把被控对象的控制特性用数学表达式加以描述，作为控制方案选择及控制器设计的依据；确定控制算法及控制器结构，选择中央处理单元、存储器等，主要硬、软件设计以及各种接口的选择和设计；确定系统的初步结构及参数，进行系统性能分析、优化。

（3）设计实施。模块组装，系统仿真、测试。

（4）设计定型。整理出设计图样、电子元器件明细表、系统操作程序及说明书、维修及故障诊断说明书和使用说明书等，形成相应技术文件。

三、计算机控制系统的组成及常用类型

(一) 计算机控制系统的组成

计算机以其运算速度快、可靠性高、价格便宜，被广泛地应用于工业、农业、国防以及日常生活的各个领域。计算机技术已成为机电一体化技术发展和变革的最活跃因素。

简单地说，计算机控制系统就是采用计算机来实现的自动控制系统。自动控制系统根据系统中信号相对于时间的连续性，分为连续时间系统和离散时间系统。计算机控制系统本质上讲是一种离散控制系统。

在控制系统中引入计算机，可以充分利用计算机的运算、逻辑判断和记忆等功能完成多种控制任务。在系统中，由于计算机只能处理数字信号，因而给定值和反馈量要先经过 A/D 转换器将其转换为数字量，才能输入计算机。当计算机接收了给定量和反馈量后，依照偏差值，按某种控制规律进行运算 (如 PID 运算)，计算结果 (数字信号) 再经过 D/A 转换器，将数字信号转换成模拟控制信号输出到执行机构，便完成了对系统的控制作用。

硬件是指计算机本身及其外围设备，一般包括中央处理器、内存储器、磁盘驱动器、各种接口电路、以 A/D 转换和 D/A 转换为核心的模拟量 I/O 通道、数字量 I/O 通道以及各种显示、记录设备、运行操作台等。就计算机本体而言，随着微处理器技术的快速发展，业界针对工业领域相继开发出一系列的工业控制计算机，如单片微型计算机、可编程序控制器、总线式工业控制机、分散计算机控制系统等。这些工控设备弥补了商用计算机的缺点，大大推动了机电一体化控制系统的自动化程度。

计算机是整个控制系统的核心。它接收从控制台来的命令，对系统各参数进行巡回检测，执行数据处理、计算和逻辑判断、报警处理等，并根据计算的结果通过接口发出输出命令。

接口与输入 / 输出 (I/O) 通道是计算机与被控对象进行信息交换的桥梁。常用的 I/O 接口有并行接口和串行接口。由于计算机处理的只能是数字量，而被控对象的参数既有数字量又有模拟量，因此 I/O 通道有模拟量 I/O 通道和数字量 I/O 通道之分。

计算机控制系统中最基本的外部设备是操作台。它是人机对话的联系纽带,操作人员可通过操作台向计算机输入和修改控制参数,发出各种操作命令;计算机可向操作人员显示系统运行状况,发出报警信号。操作台一般包括各种控制开关、数字键、功能键、指示灯、声讯器、数字显示器等。

传感器的主要功能是将被检测的非电学量参数转变成电学量,变送器的作用是将传感器得到的电信号转变成适用于计算机接口使用的标准电信号。计算机控制系统需要把各种被测参数转变为电量信号并传送到计算机中,同时,也需要各种执行机构按计算机的输出命令去控制对象。常用的执行机构有各种电动、液动、气动开关,电液伺服阀,交、直流电动机,步进电动机等。

软件是指计算机控制系统中具有各种功能的计算机程序的总和,如完成操作、监控、管理、控制、计算和自诊断等功能的程序。整个系统在软件指挥下协调工作。从功能区分,软件可分为系统软件和应用软件。

系统软件是由计算机的制造厂商提供的,用来管理计算机本身的资源和方便用户使用计算机的软件。常用的有操作系统、开发系统等,它们一般不需用户自行设计编程,只需掌握使用方法或根据实际需要加以适当改造即可。

应用软件是用户根据要解决的控制问题而编写的各种程序,比如,各种数据采集、滤波程序、控制量计算程序、生产过程监控程序等。

在计算机控制系统中,软件和硬件不是独立存在的,在设计时必须注意两者相互间的有机配合和协调。只有这样,才能研制出满足生产要求的高质量控制系统。

(二)计算机控制系统的类型

由于微型计算机的迅速发展,机电一体化系统大多采用计算机作为控制器,目前常用的有基于单片机、单板机、普通 PC 机、工业 PC 机和可编程序控制器(PLC)等多种类型的控制系统。

第二节　可编程序控制器技术

可编程序控制器是现代工业自动化领域中的一门先进控制技术，它已成为现代工业控制三大支柱之一，其应用深度和广度已成为一个国家工业先进水平的重要标志之一。PLC 具有可靠性高、逻辑功能强、体积小、远程通信联网、模拟量控制、高速计数、位控，以及易于与计算机接口和可在线修改控制程序等一系列优异性能。由于目前各国生产的 PLC 种类繁多、性能规模各异、指令系统不尽相同，不可能一罗列。本节主要针对 PLC 的基本原理、结构组成和应用特点等共性问题做一简要说明，并在此基础上对当前常用的典型 PLC 的基本性能、技术指标、相关设备给予介绍，使读者能借此掌握 PLC 的基本知识，为今后应用 PLC 解决生产实际问题打下基础。

一、PLC 技术基础

(一) PLC 的分类

可编程序控制器（Programmable Logic Controller）简称 PLC，是以微处理器为基础，综合了计算机技术、自动控制技术和通信技术而发展起来的一种新型、通用的自动控制装置。

可编程序控制器发展到今天，已经有多种形式，而且功能也不尽相同。按不同的原则可有不同的分类。

1. 根据结构分类

（1）整体式（箱体式）。整体式结构的特点是将 PLC 的基本部件，如 CPU 板、输入板、输出板、电源板等紧凑地安装在一个标准机壳内，构成一个整体，组成 PLC 的一个基本单元（主机）或扩展单元。基本单元上没有扩展端口，通过扩展电缆与扩展单元相连，以构成 PLC 不同的配置。整体式结构的 PLC 体积小、成本低、安装方便。微型和小型 PLC 一般为整体式结构。

（2）组合式（机架模块式）。组合式结构的 PLC 为总线结构，其总线做成总线板。它是由标准模块单元（如 CPU 模块、输入模块、输出模块、电源模块和各种功能模块等）构成，将这些模块插在框架上或总线板上即可。各模块功能是独立的，外形尺寸是统一的，插入什么模块可根据需要灵活配置。目前，中、大型 PLC 多采用这种结构形式。

2. 按控制规模分类

一般而言，处理的 I/O 点数愈多，则控制关系愈复杂，用户要求的程序存储器容量愈大，PLC 指令及其他功能也愈多，指令执行的速度也愈快。按 PLC 的 I/O 点数可将 PLC 分为以下三类：

（1）小型 PLC。小型 PLC 的 I/O 总点数在 256 点以下，用户程序存储容量在 4KB 以下。小型 PLC 的功能一般以开关量控制为主，现在的高性能小型 PLC 还具有一定的通信能力和少量的模拟量处理能力。这类 PLC 的特点是价格低廉、体积小巧，适合于控制单台设备、开发机电一体化产品。

（2）中型 PLC。中型 PLC 的 I/O 总点数在 256 ~ 2 048 点之间，用户程序存储容量在 8KB 左右。中型 PLC 不仅具有开关量和模拟量的控制功能，还具有更强的数字计算能力，它的通信功能和模拟量处理能力更强大。中型机的指令比小型机更丰富，中型机适用于复杂的逻辑控制系统以及连续生产过程控制场合。

（3）大型 PLC。大型 PLC 的 I/O 总点数在 2 048 点以上，用户程序存储容量在 16KB 以上。大型 PLC 的性能已经与工业控制计算机相当，它具有计算、控制和调节的功能，还具有强大的网络结构和通信联网能力。它可以连接 HMI 作为系统监视或操作界面，能够表示过程的动态流程，记录各种曲线，PID 调节参数选择图，可配备多种智能模块，构成一个多功能系统。这种系统还可以和其他型号的控制器互联，和上位机相连，组成一个集中分散的生产过程和产品质量控制系统。大型机适用于设备自动化控制、过程自动化控制和过程监控系统。

（二）PLC 的硬件组成

PLC 种类繁多，但其组成结构和工作原理基本相同。由于 PLC 是专为工业现场应用而设计，因此在设计中采用了一定的抗干扰技术。由上文可知，PLC按照结构形式的不同可分为整体式和组合式两类。但不论哪种结构形式，都采用了典型的计算机结构，主要由CPU、电源、存储器和专门设计的输入输出接口电路等组成。

下面具体介绍PLC各部分组成及其作用。

(1)中央处理器。中央处理单元(CPU)一般由控制器、运算器和寄存器组成，这些电路都集成在一个芯片内。CPU通过数据总线、地址总线和控制总线与存储单元、输入输出接口电路相连接。与一般计算机一样，CPU是PLC的核心，它按PLC中系统程序赋予的功能指挥PLC有条不紊地进行工作。用户程序和数据事先存入存储器中，当PLC处于运行方式时，CPU按循环扫描方式执行用户程序。

CPU的主要任务有：控制用户程序和数据的接收与存储；用扫描的方式通过I/O部件接收现场的状态或数据，并存入输入映像寄存器或数据存储器中；诊断PLC内部电路的工作故障和编程中的语法错误等；PLC进入运行状态后，从存储器逐条读取用户指令，经过命令解释后按指令规定的任务进行数据传送、逻辑或算术运算等；根据运算结果，更新有关标志位的状态和输出映像寄存器的内容，再经输出部件实现输出控制、制表打印或数据通信等功能。

不同型号的PLC，其CPU芯片是不同的，有采用通用CPU芯片的，有采用厂家自行设计的专用CPU芯片的。CPU芯片的性能关系到PLC处理控制信号的能力与速度，CPU位数越高，系统处理的信息量越大，运算速度也越快。PLC的功能是随着CPU芯片技术的发展而提高和增强的。

(2)存储器。PLC的存储器包括系统存储器和用户存储器两部分。

系统存储器用来存放由PLC生产厂家编写的系统程序，系统程序固化在ROM内，用户不能直接更改，它使PLC具有基本的功能，能够完成PLC设计者规定的各项工作。系统程序质量的好坏，很大程度上决定了PLC的性能，其内容主要包括三部分：第一部分为系统管理程序，它主要控制PLC的运行，使整个PLC按部就班地工作；第二部分为用户指令解释程序，通过用户指令解释程序，将PLC的编程语言变为机器语言指令，再由CPU执行这些指令；第三部分为标准程序模块与系统调用，它包括许多不同功能的子程序及其调用管理程序，如完成输入、输出及特殊运算等的子程序。PLC

的具体工作都是由这部分程序来完成的，这部分程序的多少也决定了 PLC 性能的高低。

用户存储器包括用户程序存储器 (程序区) 和功能存储器 (数据区) 两部分。用户程序存储器用来存放用户针对具体控制任务，用规定的 PLC 编程语言编写的各种用户程序，以及用户的系统配置。用户程序存储器根据所选用的存储器单元类型的不同，可以是 RAM (有掉电保护)、EPROM 或 EE-PROM 存储器，其内容可以由用户任意修改或增删。用户功能存储器是用来存放 (记忆) 用户程序中使用器件的 ON/OFF 状态、数值数据等。用户存储器容量的大小，关系到用户程序容量的大小，是反映 PEC 性能的重要指标之一。

(3) 输入单元。可编程序控制器的输入信号类型可以是开关量、模拟量和数字量。输入单元从广义上包含两部分：一是与被控设备相连接的接口电路，二是输入映像寄存器。

输入单元接收来自用户设备的各种控制信号，如限位开关、操作按钮、选择开关、行程开关以及其他一些传感器的信号。通过接口电路将这些信号转换成中央处理器能够识别和处理的信号，并存到输入映像寄存器。运行时，CPU 从输入映像寄存器读取输入信息并进行处理，将处理结果存放到输出映像寄存器。

为防止各种干扰信号和高电压信号进入 PLC，影响其可靠性或造成设备损坏，现场输入接口电路一般由光电耦合电路进行隔离。光电耦合电路的关键器件是光耦合器，一般由发光二极管和光电三极管组成。

通常 PLC 的输入类型可以是直流、交流和交直流。输入电路的电源可由外部供给，有的也可由 PLC 内部提供。

(4) 输出单元。可编程序控制器的输出信号类型可以是开关量、模拟量和数字量。输出单元从广义上包含两部分：一是与被控设备相连接的接口电路，二是输出映像寄存器。

PLC 运行时 CPU 从输入映像寄存器读取输入信息并进行处理，将处理结果放到输出映像寄存器。输出映像寄存器由输出点相对应的触发器组成，输出接口电路将其由弱电控制信号转换成现场需要的强电信号输出，以驱动电磁阀、接触器、指示灯等被控设备的执行元件。

输出接口电路通常有三种类型：继电器输出型、晶体管输出型和晶闸管输出型。每种输出电路都采用电气隔离技术，电源由外部提供，输出电流一般为 1.5 ~ 2A，输出电流的额定值与负载的性质有关。

为使 PLC 避免受瞬间大电流的作用而损坏，输出端外部接线必须采用保护措施：一是输出公共端接熔断器；二是采用保护电路，对交流感性负载，一般用阻容吸收回路；三是对直流感性负载用续流二极管。

（5）电源部分。PLC 中一般配有开关式稳压电源为内部电路供电。开关电源的输入电压范围宽、体积小、质量轻、效率高、抗干扰性能好。有的 PLC 能向外部提供24V 的直流电源，可给输入单元所连接的外部开关或传感器供电。

（6）I/O 扩展端口。当主机上的 I/O 点数或类型不能满足用户需要时，主机可以通过 I/O 扩展口连接 I/O 扩展单元来增加 I/O 点。没有 I/O 扩展口的，PLC 是不能进行 I/O 点扩展的。另外，通过 I/O 扩展口还可以连接各种特殊功能单元 (智能 I/O 单元)，以扩展 PLC 的功能。

（7）外设接口。每台 PLC 都有外设接口。通过外设接口，PLC 可与外部设备相连接。PLC 的外部设备有编程器、计算机、打印机、EPROM 写入器、外存储器以及监视器、变频器等，以在各种不同的场合实现多种不同的应用。

以上就是一个 PLC 的基本组成。但是，如果要利用 PLC 完成更高级、更复杂的控制 (如集散控制)，往往还需要借助 PLC 对高功能模块 (特殊功能单元)、变频器、计算机等其他设备的支持以及通信功能的实现。

（三）PLC 的工作原理

为了满足工业逻辑控制的要求，同时结合计算机控制的特点，PLC 的工作方式采用不断循环的顺序扫描工作方式。每一次扫描所用的时间称为扫描周期或工作周期。CPU 从第一条指令执行开始，按顺序逐条地执行用户程序直到用户程序结束，然后返回第一条指令开始新的一轮扫描。PLC 就是这样周而复始地重复上述循环扫描的。

当 PLC 处于正常运行时，它将不断重复扫描过程。分析上述扫描过程，如果对远程 I/O、特殊模块和其他通信服务暂不考虑，这样扫描过程就只剩下"输入采样""程序执行"和"输出处理"三个阶段。这三个阶段是 PLC 工作过程的中心内容，理解透 PLC 工作过程的这三个阶段是学习好 PLC 的基础。下面就对这三个阶段进行详细的分析：

（1）输入采样阶段。CPU 将全部现场输入信号如按钮、限位开关、速度继电器等的状态（通 / 断）经 PLC 的输入端子，读入映像寄存器，这一过程称为输入采样或扫描阶段。进入下一阶段即程序执行阶段时，输入信号若发生变化，输入映像寄存器也不予理睬，只有等到下一扫描周期输入采样阶段时才被更新。这种输入工作方式称为集中输入方式。

（2）程序执行阶段。CPU 从 0000 地址的第一条指令开始，依次逐条执行各指令，直到执行到最后一条指令。PLC 执行指令程序时，要读入输入映像寄存器的状态（ON 或 OFF，即 1 或 0）和其他编程元件的状态，除输入继电器外，一些编程元件的状态随着指令的执行不断更新。CPU 按程序给定的要求进行逻辑运算和算术运算，运算结果存入相应的元件映像寄存器，把将要向外输出的信号存入输出映像寄存器，并由输出锁存器保存。程序执行阶段的特点是依次顺序执行指令。

（3）输出处理阶段。CPU 将输出映像寄存器的状态经输出锁存器和 PLC 的输出端子，传送到外部驱动接触器、电磁阀和指示灯等负载。这时输出锁存器的内容要等到下一个扫描周期的输出阶段到来才会被刷新。这种输出工作方式称为集中输出方式。

由以上分析可知，可编程序控制器采用串行工作方式，由彼此串行的三个阶段可构成一个扫描周期，输入采样和输出处理阶段采用集中扫描工作方式。只要 CPU 置于"RUN"，完成一个扫描周期工作后，将自动转入下一个扫描周期，反复循环地工作，这与继电器控制是大不相同的。

CPU 完成一次包括输入采样阶段、程序执行阶段和输出处理阶段的扫描循环所占用的时间称为 PLC 的一个扫描周期，用 T_0 表示。其中输入和输出时间很短，约为 1ms。程序执行时间与指令种类和 CPU 扫描速度相关。欧姆龙 C 系列 P 型机的 CPU 指令执行的平均时间约为 $10\mu s/$ 指令。一个扫描周期只有几毫秒。

从输入触点闭合到输出触点闭合有一段时间延迟，我们一般把这段时间称作 I/O 响应时间。I/O 滞后现象是 PLC 工作时必须考虑的一个重要问题。

一般来说，影响 PLC 的 I/O 滞后现象的原因主要有以下几点：

① PLC 输入电路中设置的输入滤波器对信号的延迟作用；②输出继电器一般都有机械滞后所引起的动作延迟；③ PLC 循环操作时，产生一个扫描周期的滞后；④用户程序的语句编排不当也会影响输入 / 输出响应时间。

(四) PLC 的性能指标

描述 PLC 性能时，经常用到位、数字、字节、字及通道等术语。

位指二进制的一位，仅有 1、0 两种取值。一个位对应 PLC 一个继电器，某位的状态为 1 或 0，分别对应继电器线圈通电或断电。

4 位二进制数构成一个数字，这个数字可以是 0000 ~ 1001（十进制数 0 ~ 9），也可以是 0000 ~ 1111（十六进制数 0 ~ F）。

2 个数字或 8 位二进制数构成一个字节。

2 个字节构成一个字。在 PLC 术语中，字也称为通道。一个字含 16 位，或者说一个通道含 16 个继电器。

下面给出了决定 PLC 性能的一些主要指标。

(1) 输入 / 输出（I/O）点数。输入 / 输出（I/O）点数是指 PLC 外部 I/O 端子的总数，也即 PLC 可以接收的输入信号和输出信号的总和，是衡量 PLC 性能的重要指标。I/O 点数越多，外部可接的输入设备和输出设备就越多，控制规模就越大。

(2) 存储容量。存储容量是指用户程序存储器的容量。用户程序存储器容量决定了 PLC 所能存放用户程序的多少，一般以字（或步）为单位来计算。用户程序存储器的容量大，可以编制出复杂的程序。在有的 PLC 中，程序指令是按"步"存放的（一条指令往往不止一"步"），一"步"占用一个地址单元，一个地址单元一般占用一个字，实质上"步"和"字"在这里是等同的。如一个内存容量为 1K 步的 PLC 可推知其内存为 1K 字或 2K 字节。

(3) 扫描速度。扫描速度是指 PLC 执行用户程序的速度，是衡量 PLC 性能的重要指标。一般以扫描 1K 步用户程序所需的时间来衡量扫描速度，通常以 ms/K 步为单位。PLC 用户手册一般给出执行各条指令所用的时间，可以通过比较各种 PLC 执行相同操作所用的时间，来衡量扫描速度的快慢。

(4) 指令的功能与数量。指令功能的强弱、数量的多少也是衡量 PLC 性能的重要指标。编程指令的功能越强、数量越多，PLC 的处理能力和控制能力也越强，用户编程也越简单和方便，越容易完成复杂的控制任务。

（5）内部元件的种类与数量。内部元件的配置情况是衡量 PLC 硬件功能的一个指标。在编制 PLC 程序时，需要用到大量的内部元件来存放变量状态、中间结果、保持数据、定时计数、模块设置和各种标志位等信息。这些元件的种类与数量越多，表示 PLC 的存储和处理各种信息的能力越强。

（6）特殊功能单元。特殊功能单元种类的多少与功能的强弱是衡量 PLC 产品的一个重要指标。近年来，各 PLC 厂商非常重视特殊功能单元的开发，特殊功能单元种类日益增多，功能越来越强，使 PLC 的控制功能日益扩大。

（7）可扩展能力。PLC 的可扩展能力包括 I/O 点数的扩展、存储容量的扩展、联网功能的扩展、各种功能模块的扩展等。在选择 PLC 时，经常需要考虑 PLC 的可扩展能力。

二、PLC 编程技术

目前，PLC 在国际市场上已经是非常畅销的工业控制产品，采用 PLC 设计自动控制系统已成为世界潮流。PLC 的生产厂家和品种很多，其中著名的有美国的 AB 公司、GE 公司，德国的 SIEMENS 公司，法国的 TE 公司，日本的有 OMRON、三菱、松下、富士等公司。

德国的西门子（SIEMENS）公司是欧洲最大的电子和电气设备制造商，20 世纪末推出了 S7 系列产品。最新的 SIMATIC 产品为 SIMATIC S7、M7 和 C7 等几大系列。从某种意义上说，SIMATIC S7 系列代表了当前现代可编程序控制器的方向。下面通过 SIMATIC S7-200 为例介绍 PLC 编程技术：

（一）S7-200PLC 内部资源

PLC 在运行时需要处理的数据一般都根据数据类型的不同、数据功能的不同，把数据分成不同类型。这些不同类型的数据被存放在不同的存储空间，从而形成不同的数据区。S7-200 的数据区可以分为数字量输入和输出映像区、模拟量输入和输出映像区、变量存储器区、顺序控制继电器区、位存储器区、特殊存储器区、定时器存储器区、计数器存储器区、局部存储器区、高速计数器区和累加器区。

1. 数字量输入和输出映像区

(1) 数字量输入映像区（I 区）。数字量输入映像区是以 S7-200CPU 为输入端信号状态开辟的一个存储区，用 I 表示。每次扫描周期的开始，CPU 对输入点进行采样，并将采样值存于输入映像区寄存器中。该区的数据可以是位（1bit）、字节（8bit）、字（16bit）或者双字（32bit）。其表示形式如下：

①用位表示：I0.0、I0.1、…、I0.7～I15.0、I15.1、…、n15.7，共 128 点。输入映像区每个位地址包括存储器标识符、字节地址及位号三部分。存储器标识符为"I"，字节地址为整数部分，位号为小数部分。比如，I1.0 表示这个输入点是第 1 个字节的第 0 位。

②用字节表示：IB0、IB1、…、IB15，共 16 个字节。

输入映像区每个字节地址包括存储器字节标识符、字节地址两部分。字节标识符为"IB"，字节地址为整数部分。比如，IB1 表明示这个输入字节是第 1 个字节，共 8 位，其中第 0 位是最低位，第 7 位是最高位。

③用字表示：IW0、IW2、…、IW14，共 8 个字。

输入映像区每个字地址包括存储器字标识符、字地址两部分。字标识符为"IW"，字地址为整数部分。一个字含两个字节，一个字中的两个字节的地址必须连续，且低位字节在一个字中应该是高 8 位，高位字节在一个字中应该是低 8 位。比如，IW0 中的 IB0 应该是高 8 位，IB1 应该是低 8 位。

④用双字表示：ID0、ID4、…、ID12，共 4 个双字。

输入映像区每个双字地址包括存储器双字标识符、双字地址两部分。双字标识符为"ID"，双字地址为整数部分。一个双字含四个字节，四个字节的地址必须连续。最低位字节在一个双字中应该是最高 8 位。比如，ID0 中的 IB0 应该是最高 8 位，IB1 应该是高 8 位，IB2 应该是低 8 位，IB3 应该是最低 8 位。

(2) 数字量输出映像区（Q 区）。数字量输出映像区是 S7-200CPU 为输出端信号状态开辟的一个存储区，用 Q 表示。在扫描周期的结尾，CPU 将输出映像寄存器的数值复制到物理输出点上。数字量输出映像区共有 QB0～QB15 等 16 个字节存储单元，能存储 128 点信息。该区的数据可以是位（1bit）、字节（8bit）、字（16bit）或者双字（32bit）。

应当指出，实际没有使用的输入端和输出端的映像区的存储单元可以作中间继电器。SIMATIC S7-200 系列小型 PLC 第二代产品其 CPU 模块为 CPU22X，它具有四种不同结构配置的 CPU 单元：CPU221、CPU222、CPU224 和 CPU226，除 CPU221 之外，其他都可加扩展模块。CPU224 主机有 I0.0 ~ I0.7、I1.0 ~ I1.5 共 14 个数字量输入点，其余数字量输入映像区可用于扩展；CPU224 主机有 Q0.0 ~ Q0.7、Q1.0 ~ Q1.1，共 10 个数字量输出点，其余数字量输出映像区可用于扩展。

2. 模拟量输入和输出映像区

（1）模拟量输入映像区（AI 区）。模拟量输入映像区是 S7-200CPU，为模拟量输入端信号开辟的一个存储区。S7-200 将测得的模拟值（如温度、压力）转换成 1 个字（16bit）长的数字量，模拟量输入用区域标识符（AI）、数据长度（W）及字节的起始地址表示。该区的数据为 AIW0、AIW2、…、AIW30 共 16 个字，总共允许有 16 路模拟量输入。应当指出，模拟量输入值为只读数据。

（2）模拟量输出映像区（AQ 区）。模拟量输出映像区是 S7-200CPU 为模拟量输出端信号开辟的一个存储区。S7-200 把 1 个字长（16bit）数字值按比例转换为电流或电压。模拟量输出用区域标识符（AQ）、数据长度（W）及起始字节地址表示。该区的数据为 AQW0、AQW2、…、AQW30，共 16 个字，总共允许有 16 路模拟量输出。

3. 变量存储器区（V 区）

PLC 执行程序过程中，会存在一些控制过程的中间结果，这些中间数据也需要用存储器来保存。变量存储器就是根据这个实际的要求设计的。变量存储器区是 S7-200CPU 为保存中间变量数据而建立的一个存储区，用 V 表示，该区共有 VB0 ~ VB5119 共 5KB 存储容量。该区的数据可以是位（1bit）、字节（8bit）、字（16bit）或者双字（32bit）。

应当指出的是，变量存储器区的数据可以是输入，也可以是输出。

4. 位存储器区（M 区）

PLC 执行程序过程中，可能会用到一些标志位，这些标志位也需要用存储器来寄存。位存储器就是根据这个要求设计的。位存储器区是 S7-200CPU 为保存标志位数据而建立的一个存储区，用 M 表示，该区共有 MB0 ~ MB31 共 32 个字节的存储容量。该区虽然叫作存储器，但是其中的数据不仅可以是位，也可以是字节（8bit）、字（16bit）或者双字（32bit）。

5. 顺序控制继电器区（S 区）

PLC 执行程序过程中，可能会用到顺序控制。顺序控制继电器就是根据顺序控制的特点和要求设计的。顺序控制继电器区是 S7–200CPU 为顺序控制继电器的数据而建立的一个存储区，用 S 表示，在顺序控制过程中用于组织步进过程的控制，该区有 SB0～SB31 共 32 个字节的存储容量。顺序控制继电器区的数据可以是位，也可以是字节（8bit）、字（16bit）或者双字（32bit）。

6. 局部存储器区（L 区）

S7–200PLC 有 64 个字节的局部存储器，其中 60 个可以用作暂时存储器或给子程序传递参数。如果用梯形图或功能块图编程，STEP7–Micro/WIN32 保留这些局部存储器的最后四个字节。如果用语句表编程，可以寻址所有的 64 个字节，但是不要使用局部存储器的最后 4 个字节。

局部存储器和变量存储器很相似，主要区别是变量存储器是全局有效的，而局部存储器是局部有效的。全局是指同一个存储器可以被任何程序存取（例如，主程序、子程序或中断程序）。局部是指存储器区和特定的程序相关联。S7–200PLC 可以给主程序分配 64 个局部存储器，给每一级子程序嵌套分配 64 个字节局部存储器，给中断程序分配 64 个字节局部存储器。

子程序或中断子程序不能访问分配给主程序的局部存储器。子程序不能访问分配给主程序、中断程序或其他子程序的局部存储器。同样，中断程序也不能访问给主程序或子程序的局部存储器。

S7–200PLC 根据需要分配局部存储器。也就是说，当主程序执行时，分配给子程序或中断程序的局部存储器是不存在的。当出现中断或调用一个子程序时，需要分配局部存储器。新的局部存储器在分配时，可以重新使用分配给不同子程序或中断程序的相同局部存储器。

局部存储器在分配时 PLC 不进行初始化，初值可能是任意的。当在子程序调用中传递参数时，在被调用子程序的局部存储器中，由 CPU 代替被传递的参数的值。局部存储器在参数传递过程中不接收值，在分配时不被初始化，也没有任何值。可以把局部存储器作为间接寻址的指针，但是不能作为间接寻址的存储器区。

局部存储器区是 S7-200CPU 为局部变量数据建立的一个存储区，用 L 表示，该区有 LB0 ~ LB63 共 64 个字节的存储容量，共 512 点。该区的数据可以是位、字节（8bit）、字（16bit）或者双字（32bit）。

7. 定时器存储器区（T 区）

PLC 在工作中少不了需要计时，定时器就是实现 PLC 具有计时功能的计时设备。S7-200 定时器的精度（时基或时基增量）分为 1ms、10ms、100ms 三种。

（1）S7-200 定时器有三种类型：①接通延时定时器的功能是定时器计时到的时候，定时器常开触点由 OFF 转为 ON；②断开延时定时器的功能是定时器计时到的时候，定时器常开触点由 ON 转为 OFF；③有记忆接通延时定时器的功能是定时器累计计时到的时候，定时器常开触点由 OFF 转为 ON。

（2）定时器有三种相关变量：①定时器的时间设定值（PT），定时器的设定时间等于 PT 值乘以时基增量；②定时器的当前时间值（SV），定时器的计时时间等于 SV 值乘以时基增量；③定时器的输出状态（0 或者 1）。

（3）定时器的编号：a.T0、T1、…、T255。b.S7-200 有 256 个定时器。

定时器存储器区每个定时器地址的表示应该包括存储器标识符、定时器号两部分。存储器标识符为"T"，定时器号为整数。比如，T1 表示定时器 1。

实际上 T1 既可以表示定时器 1 的输出状态（0 或者 1），也可以表示定时器 1 的当前计时值。这就是定时器的数据具有两种数据结构的原因所在。

8. 计数器存储器区（C 区）

PLC 在工作中有时不仅需要计时，还可能需要计数功能。计数器就是 PLC 具有计数功能的计数设备。

（1）S7-200 计数器有三种类型：①增计数器的功能是每收到一个计数脉冲，计数器的计数值加 1。当计数值等于或大于设定值时，计数器由 OFF 转变为 ON 状态。②减计数器的功能是每收到一个计数脉冲，计数器的计数值减 1。当计数值等于 0 时，计数器由 OFF 转变为 ON 状态。③增减计数器的功能是可以增计数也可以减计数。当增计数时，每收到一个计数脉冲，计数器的计数值加 1。当计数值等于或大于设定值时，计数器由 OFF 转变为 ON 状态。当减计数时，每收到一个计数脉冲，计数器的计数值减 1。当计数值小于设定值时，计数器由 ON 转变为 OFF 状态。

(2) 计数器有三种相关变量：①计数器的设定值（PV）；②计数器的当前值（SV）；③计数器的输出状态（0 或者 1）。

(3) 计数器的编号：① C0、C1、…、C255；② S7-200 有 256 个计数器。

计数器存储区每个计数器地址的表示应该包括存储器标识符、计数器号两部分。存储器标识符为"C"，计数器号为整数。比如，C1 表示计数器 1。

实际上 C1 既可以表示计数器 1 的输出状态（0 或者 1），也可以表示计数器 1 的当前计数值。这就是说计数器的数据和定时器一样具有两种数据结构。

9. 高速计数器区（HSC 区）

高速计数器用来累计比 CPU 扫描速率更快的事件。S7-200 各个高速计数器不仅计数频率高达 30kHz，而且有 12 种工作模式。

S7-200 各个高速计数器有 32 位带符号整数计数器的当前值。若要存取高速计数器的值，则必须给出高速计数器的地址，即高速计数器的编号。

高速计数器的编号 HSC0、HSC1、HSC2、HSC3、HSC4、HSC5。

S7-200 有 6 个高速计数器。其中，CPU221 和 CPO222 仅有 4 个高速计数器（HSC0、HSC3、HSC4、HSC5）。

高速计数器区每个高速计数器地址的表示应该包括存储器标识符、计数器号两部分。存储器标识符为"HSC"，计数器号为整数。比如，HSC1 表示高速计数器 1。

10. 累加器区（AC 区）

累加器是可以像存储器那样进行读 / 写的设备。例如，可以用累加器向子程序传递参数，或从子程序返回参数，以及用来存储计算的中间数据。

S7-200CPU 提供了 4 个 32 位累加器（AC0，AC1，AC2，AC3）。

可以按字节、字或双字来存取累加器数据中的数据。但是，以字节形式读 / 写累加器中的数据时，只能读 / 写累加器 32 位数据中的最低 8 位数据。如果是以字的形式读 / 写累加器中的数据，只能读 / 写累加器 32 位数据中的低 16 位数据。只有采取双字的形式读 / 写累加器中的数据，才能一次读写其中的 32 位数据。

因为 PLC 的运算功能是离不开累加器的。因此不能像占用其他存储器那样占用累加器。

11. 特殊存储器区（SM 区）

特殊存储器是 S7-200PLC 为 CPU 和用户程序之间传递信息的媒介。它们可以反映 CPU 在运行中的各种状态信息，用户可以根据这些信息来判断机器工作状态，从而确定用户程序该做什么、不该做什么。这些特殊信息也需要用存储器来寄存。特殊存储器就是根据这个要求设计的。

S7-200CPU 的特殊存储器区用 SM 表示，该区有 SMBO ~ SMB195 共 196 个字节的存储容量。特殊存储器区的数据有些是可读可写的，有些是只读的。特殊存储器区的数据可以是位，也可以是字节（8bit）、字（16bit）或者双字（32bit）。应当指出，S7-200PLC 的特殊存储器区头 30 个字节为只读区。

（二）S7-200PLC 指令系统

1.S7-200PLC 寻址方式

S7-200PLC 编程语言的基本单位是语句，而语句的构成是指令。每条指令由两部分组成：一部分是操作码，另一部分是操作数。操作码是指出这条指令的功能是什么，操作数则指明了操作码所需要的数据所在。所谓寻址，就是寻找操作数的过程。S7-200CPU 的寻址方式可以分为三种，即立即寻址、直接寻址和间接寻址。

（1）立即寻址。在一条指令中，如果操作码后面的操作数就是操作码所需要的具体数据，这种指令的寻址方式就叫作立即寻址。

S7-200 指令中的立即数（常数）可以为字节、字或双字。CPU 可以二进制方式、十进制方式、十六进制方式、ASCII 方式、浮点数方式来存储。

（2）直接寻址。在一条指令中，如果操作码后面的操作数是以操作数所在地址的形式出现的，这种指令的寻址方式就叫作直接寻址。

在直接寻址中，指令中给出的是操作数的存放地址。在 S7-200 中，可以存放操作数的存储区有输入映像寄存器（I）存储区、输出映像寄存器（Q）存储区、变量（V）存储区、位存储器（M）存储区、顺序控制继电器（S）存储区、特殊存储器（SM）存储区、局部存储器（L）存储区、定时器（T）存储区、计数器（C）存储区、模拟量输入（AI）存储区、模拟量输出（AQ）存储区、累加器区和高速计数器区。

（3）间接寻址。在一条指令中，如果操作码后面的操作数是以操作数所在地址的形式出现的，这种指令的寻址方式就叫作间接寻址。

S7-200的间接寻址方式适用的存储区为I区、Q区、V区、M区、S区、T区（限于当前值）、C区（限于当前值）。除此之外，间接寻址还需要建立间接寻址的指针和对指针的修改。

2.S7-200PLC常用指令

S7-200PLC的指令系统非常丰富，主要分为位逻辑指令、定时器和计数器指令、传送和比较指令、运算指令、程序控制指令、特殊功能指令、堆栈和时钟指令等几个系列。

（1）S7-200的位逻辑指令。S7-200的指令有三种表达形式。这三种形式为语句表、梯形图和功能块图。实际应用中采用梯形图编写程序较为普遍。这是因为梯形图是一种通用的图形编程语言，不同类型PLC的梯形图的图形表达相差无几。语句表编写的程序是最接近机器代码的文本程序。在S7-200的三种编程语言中，语句表适用最广，保存、注释最方便。本节中介绍的指令和编程都是以梯形图和语句表为主。

①标准触点。标准常开触点由标准常开触点和触点位地址bit构成。标准常闭触点由标准常闭触点和触点位地址bit构成。标准常开触点由操作码"LD"和标准常开触点位地址bit构成。标准常闭触点由操作码"LDN"和标准常闭触点位地址bit构成。

常开触点是在其线圈不带电时其触点是断开的（其触点的状态为OFF或为0），而其线圈带电时其触点是闭合的（其触点的状态为ON或为1）。常闭触点是在其线圈不带电时其触点是闭合的（其触点的状态为ON或为1），当其线圈带电时其触点是断开的（其触点的状态为OFF或为0）。在程序执行过程，标准触点起开关的触点作用。标准触点的取值范围是I、Q、M、SM、T、C、V、S、L（位）。

②立即触点。立即常开触点由立即常开触点和触点位地址bit构成。立即常闭触点由立即常闭触点和触点位地址bit构成。立即常开触点操作码"LDI"和立即常开触点位地址bit构成。立即常闭触点由操作码"LDNI"和立即常闭触点位地址bit构成。

含有立即触点的指令叫立即指令。当立即指令执行时，CPU 直接读取其物理输入的值，而不是更新映像寄存器。在程序执行过程，立即触点起开关的触点作用。其操作数范围是 I（位）。

③输出操作。输出操作由输出线圈和位地址 bit 构成。输出操作由输出操作码"="和线圈位地址 bit 构成。

输出操作是把前面各逻辑运算的结果复制到输出线圈，从而使输出线圈驱动的输出常开触点闭合，常闭触点断开。输出操作时，CPU 是通过输入/输出映像区来读/写输出的状态的。输出操作的操作数范围是 I、Q、M、SM、T、C、V、S、L（位）。

④立即输出操作。立即输出操作由立即输出线圈位和位地址构成。立即输出操作由操作码"=I"和立即输出线圈位地址 bit 构成。

含有立即输出的指令叫立即指令。当立即指令执行时，CPU 直接读取其物理输入的值，而不是更新映像寄存器。立即输出操作是把前面各逻辑运算的结果复制到标准输出线圈，从而使立即输出线圈驱动的"立即输出"常开触点闭合，常闭触点断开。其操作数范围是 Q（位）。

⑤与逻辑与操作。与逻辑与操作由标准触点或立即触点的串联构成。与逻辑与操作由操作码"A"和触点的位地址构成。

与逻辑是指两个元件的状态都是 1 时才有输出，两个元件中只要有一个为 0，就无输出。其操作数范围是 I、Q、M、SM、T、C、V、S、L（位）。

⑥或逻辑或操作。或逻辑或操作由标准触点或立即触点的并联构成。或逻辑或操作由操作码"O"和触点的位地址构成。

或逻辑是指两个元件的状态只要有一个是 1，就有输出；只有当两个元件都是 0 时，才无输出。其操作数范围是 I、Q、M、SM、T、C、V、S、L（位）。

⑦取非操作。取非操作是在一般触点上加写"NOT"字符构成。取非操作是由操作码"NOT"构成，它只能和其他操作联合使用，本身没有操作数。

取非操作就是把源操作数的状态取反作为目标操作数输出。当操作数的状态为 OFF（或 0）时，对操作数取非操作的结果状态应该是 ON（或 1）；若操作数的状态是 ON（或 1），对操作数取非的结果状态应该是 OFF（或 0）。

⑧串联电路的并联连接。这是一个由多个触点的串联构成一条支路，一系列这样的支路再互相并联构成的复杂电路。串联电路的并联连接的语句

表示：在两个与逻辑的语句后面用操作码"OLD"连接起来，表示上面两个与逻辑之间是"或"的关系。

所谓串联就是指触点间是"与"的逻辑关系，多个触点的"与"的连接就构成了一个串联电路。串联电路的并联连接就是指多个串联电路之间又构成了"或"的逻辑操作。在执行程序时，先算出各个串联支路（"与"逻辑）的结果，然后再把这些结果的"或"传送到输出。

(2)S7-200 的定时器和计数器指令。定时器和计数器是 PLC 的重要元件，S7-200PLC 共有三种定时器和三种计数器。定时器可分为接通延时定时器、断开延时定时器和带有记忆接通延时定时器。这些定时器分布于整个 T 区。计数器可分为增计数器、减计数器和增减计数器。这些计数器分布在 C 区。

(3) S7-200 的程序控制指令。

①结束指令。结束指令由结束条件、指令助记符构成。结束指令根据先前逻辑条件终止用户程序。可以在主程序内使用结束指令，但不能在子程序或中断程序内使用。

②暂停指令。暂停指令由暂停条件、指令助记符构成。暂停指令使 PLC 从运行模式进入停止模式，立即终止程序的执行。

如果在中断程序内执行暂停指令，中断程序立即终止，并忽略全部等待执行的中断。对程序剩余部分进行扫描，并在当前扫描结尾处完成从运行模式到停止模式的转换。

③跳转操作。在执行程序时，可能会由于条件的不同，需要产生一些分支，这些分支程序的执行可以用跳转操作来实现。跳转操作由跳转指令和标号指令两部分构成。

跳转指令由跳转条件、跳转助记符 JMP 和跳转的标号 n 构成。标号指令由标号指令助记符 LBL 和标号 n 构成。

④子程序调用与返回指令。S7-200PLC 把程序主要分为 3 大类：主程序、子程序和中断程序。子程序由子程序标号开始，到子程序返回指令结束。

⑤循环指令。循环指令由循环指令助记符 FOR、指令允许端 EN、循环起始值 INIT、循环结束值 FINAL、循环计数器 INDX 和循环结束助记符 NEXT 构成。

第三节　人机接口技术

　　人机接口是操作者与机电一体化系统（主要是控制微机）之间进行信息交换的接口。按照信息的传递方向，可以分为两大类：输入接口与输出接口。一方面，系统通过输出接口向操作者显示系统的各种状态、运行参数及结果等信息。另一方面，操作者通过输入接口向系统输入各种控制命令及控制参数，对系统运行进行控制，实现所要求完成的任务。

　　在机电一体化产品中，常用的输入设备有控制开关、BCD或二进制码拨盘、键盘等；常用的输出设备有状态指示灯、发光二极管显示器、液晶显示器、微型打印机、阴极射线管显示器等。扬声器作为一种声音信号输出设备，在进行产品设计时经常被采用。人机接口作为人与微机之间进行信息传递的通道，有着其自身的一些特点，需要在进行设计时予以考虑。

一、输入接口技术

　　输入口输入设备的数据，要通过数据总线传送给CPU，而CPU与存储器以及其他设备传输的输入/输出数据，也要通过这条数据总线分时进行传输。因此，输入口的功能就是在只有CPU允许该输入口进行数据输入时，才将来自外设的数据传送到数据总线上。

　　键盘是计算机中不可缺少的输入设备，通过它可实现人机对话，完成各种功能的操作。键盘按其结构形式，有非编码键盘和编码键盘两种：前者用软件来识别和产生代码，后者则用硬件来识别。在单片机中普遍使用的是非编码键盘。下面分别对人机通道输入接口中最为常用的独立式键盘和矩阵式键盘接口技术做一简要说明：

（一）独立式键盘

　　在单片机系统中，与主机交换信息，有时并不需要复杂的键盘，只要几个简单的开关就可以了。例如，紧急停机按钮、部件到位的行程开关、变速开关等。如果系统装备的开关数量不多，可以直接装在接口上，这种连接的键盘称为独立式键盘。

(二) 矩阵式键盘

矩阵 (行列) 式键盘上的键按行列构成矩阵，在行列交点上放置一个键，键实际上就是一个机械开关，被按下则其交点的行线和列线接通。矩阵式键盘的按键与接口输入线不是一对一的关系，所以使用中除了要检查矩阵式键盘中是否有键按下外，同时还要检查按下的键是哪一个键。这两个工作都由键盘扫描程序完成。每执行一次键盘扫描程序大约为几十到几百个微秒，一般操作者按下键的持续时间至少在100ms，只要在这个持续时间内，能执行一次键盘扫描程序，从操作者来看好像主机是立即响应一样。

键盘上有很多键，每一个键对应一个键码 (或键值)，以便根据键码转到相应的键处理子程序，进一步实现数据输入和命令处理功能。为了得到被按键的键码，有专门的键识别方法。常用的有：①行扫描法；②线翻转法；③利用 8279 键盘接口产生键盘中断。前两种都要占用 CPU 大量的时间，而后一种则会节约 CPU 时间。

二、输出接口技术

从计算机输出的数据，要经过输出口传输给输出设备，但在输出口与实际的输出设备之间一般需要进行信号电平转换，并需要对输出数据的传输时序进行控制。输出接口是操作者对机电一体化系统进行检测的窗口，通过输出接口，系统向操作者显示自身的运行状态、关键参数及运行结果等，并进行故障报警。

下面对人机通道输出接口中最为常用的 LED 显示器接口技术做一简要说明。

(一) LED 数码显示器的工作原理

(1) LED 数码显示器的结构。LED（Light Emitting Diode）是发光二极管的缩写。LED 显示器应用非常普遍，从袖珍计算器到仪器仪表都用它，在单片机上的应用也很普遍。

通常所说的 LED 显示器由七个发光二极管组成，因此，也称为七段显示器。其排列形状有共阴极和共阳极两种。此外，还有一个圆点形发光二极管，用以显示小数点。发光二极管点亮时，需要的电流为 2 ~ 20mA，压降为1.2V，因而用 TTL 电路即可与它接口。

（2）LED 数码显示器的显示段码。为了显示字符，要为 LED 显示器提供显示段码（或称字形代码），可通过单片机接口使 LED 显示器某几段发亮来显示不同的数码，如除"g"段不亮其余六段全亮时，则为"0"字；七段全亮时，则为"8"字。七段发光二极管，再加上一个小数点位，共计 8 段，因此，LED 显示器的字形代码正好一个字节。

（二）LED 数码显示器的接口及显示方法

单片机与显示器接口可以用硬件为主和用软件为主的方法。所谓硬件为主就是用 4 位数据线而后用锁存器、译码驱动器显示一位十六进制字符。由于使用硬件较多，缺乏灵活性，所以常用软件查表来代替硬件译码，但这也需简单的硬件电路配合。例如，可用 8 255 作为显示接口。由于接口提供不了较大的电流供 LED 显示器使用，因此驱动电路一般是必不可少的。

（1）静态显示方式。静态显示方式，是指每一位显示器的字段控制是独立的，每一位的显示器都需要配一个 8 位输出口来输出该字位的七段码。因此需要向外扩展 CPU 输出口。

（2）动态显示方式。首先，所谓动态显示方式，又称扫描显示方式，也就是在某一时刻只让一个字位处于选通状态，其他字位一律断开，同时在字段线上发出该位要显示的字段码，这样在某一时刻，某一位数码管就被点亮，并显示出相应的字符。其次逐个改变所显示的字位和相应的字符段码，循环点亮各位显示器。虽然在任一时刻只有一位显示器被点亮，但只要扫描速度足够快，由于人眼的视觉残留效应，与全部显示器都点亮的效果完全一样，会使人感觉到几个位数码管都在稳定地显示。

动态显示方式中，为实现多位显示器的动态扫描，除了要给显示器提供段（字形编码）的输入之外，还要对显示器进行就位控制。多位 LED 显示器接口电路需要有两个输出口：其中一个用于输出 8 条段控线（有小数点显示）；另一个用于输出位控线，位控线的数目等于显示器的位数。

第四节 机电接口技术

机电接口是指机电一体化产品中的机械装置与控制微机间的接口。按照信息的传递方向，可以将机电接口分为信息采集接口（传感器接口）与控制量输出接口。控制微机通过信息采集接口接收传感器输出信号，检测机械系统运动参数，经过运算处理后，发出有关控制信号，经过控制输出接口的匹配、转换、功率放大、驱动执行元件来调节机械系统的运行状态，使其按照要求动作。

一、信息采集接口技术

(一) 信息采集接口的任务与特点

在机电一体化产品中，控制微机要对机械装置进行有效控制，使其按预定的规律运行，完成预定的任务，就必须随时对机械系统的运行状态进行控制，随时检测各种工作和运行参数，如位置、速度、转矩、压力、温度等。因此进行系统设计时，必须选用相应传感器将这些物理量转换为电量，再经过信息采集接口的整形、放大、匹配、转换，变成微机可以接收的信号传递给微机。传感器的输出信号中，既有开关信号（如限位开关、时间继电器），又有频率信号（超声波无损探伤）；既有数字量，又有模拟量（如温敏电阻、应变片等）。首先，针对不同性质的信号，信号采集接口要对其进行不同的处理，例如，对模拟信号必须进行模 / 数变换，变成微机可以接受的数字量再传送给微机。其次，在机电一体化产品中，传感器要根据机械系统的结构来布置，环境往往比较恶劣，易受干扰。最后，传感器与控制微机之间常要采用长线传输，加之传感器输出信号一般又比较弱，所以抗干扰设计也是信息采集接口设计的一个重要内容。

(二) 信号采集通道中的 A/D 转换接口设计

单片机模拟通道中的输入通道（也叫前向通道），用于将传感器获取的各种信号经过调理电路输出，经 A/D 转换后送入计算机。根据测量要求和传感器输出信号的不同，输入通道的复杂程度和结构形式也大不一样。

　　本节主要讨论模拟电压的转换。很多单片机片内有 A/D 转换线路，例如，C196KB、80C166、68HC11 等芯片，都具有 10 位或 8 位 A/D，但对于大多数型号的单片机（例如 8031）来说，则必须外部扩展 A/D 转换芯片。

　　（1）A/D 转换器概述。实现 A/D 转换的方法很多，但目前用得最多的是双积分式和逐次逼近式 A/D 转换器。近年来，为了适应实时处理系统快速性的要求（如图像信号的 A/D 转换装置），并联比较式的 A/D 转换器也有较多的应用。

　　A/D 转换器的技术指标较多，指标评价方法也不完全统一，以下仅对主要技术指标做简要说明。

　　①分辨率与量化误差。A/D 转换器分辨率的习惯表示方法与其输出数字量的形式有关。二进制数输出的 A/D 转换器常用二进制数的位数表示其分辨率，例如，八位 A/D 转换器，其分辨率为 8 位，分辨力为 1LSB，用百分数表示的分辨率为 0.39%（即 $1/2^8$）。BCD 码输出的 A/D 转换器常用 BCD 码的位数表示其分辨率，如 3 位半的 A/D 转换器满刻度输出数字为 1999，分辨率的百分数表示为 0.05%（即 1/1999）。

　　量化误差是由于有线数字对模拟数值进行离散取值（量化）而引起的误差，其理论值为一个单位分辨力，即 ±1/2LSB。

　　②转换精度。转换精度定义为实际 A/D 转换器在量化值上与理想转换器的最大转换差值。注意它不包含量化误差。通常用 1 个 ISB 的分数值（绝对精度）或用此差值占满量程的百分比（相对精度）表示。

　　③转换时间：指完成一次 A/D 转换所需要的时间。

　　④量程：指所能转换的模拟电压范围，分为单极性和双极性两种。

　　（2）典型 A/D 转换器芯片 ADCO809。ADC0809 是 CMOS 材料的 8 位 A/D 转换芯片，片内有 8 路模拟开关以及该开关的地址锁存与译码电路、比较器、256RT 形电阻网络、逐次逼近 SAR 寄存器、三态输出锁存缓冲器和控制与时序电路等。

二、控制量输出接口技术

(一) 控制输出接口的任务与特点

控制微机通过信息采集接口检测机械系统的状态，经过运算处理。发出有关控制信号，经过控制输出接口的匹配、转换、功率放大，驱动执行元件去调节机械系统的运行状态，使其按设计要求运行。根据执行元件的需要不同，控制接口的任务也不同，对于交流电机变频调速器，控制信号为 $0 \sim 5V$ 电压或 $4 \sim 20mA$ 电流信号，则控制输出接口必须进行数/模转换；对于交流接触器等大功率器件，必须进行功率驱动。由于机电一体化系统中执行元件多为大功率设备，如电机、电热器、电磁铁等，这些设备产生电磁场、电源干扰，往往会影响微机的正常工作，所以抗干扰设计同样是控制输出接口设计时应考虑的重要问题。

(二) 控制量输出接口中的 D/A 转换接口设计

单片机模拟通道中的输出通道 (也叫后向通道)，用于输出控制系统需要的驱动控制信号。

通常用 D/A 转换作为输出，一般也不需要光电隔离驱动，但有特殊需要，就要加光电耦合；另外一种方法是用脉冲宽度调制输出 (即 PWM) 经低通滤波输出，作为 D/A 转换，这种结构在很多单片机中都有，例如，C96KB、C196KC、80C166、68HC11 等单片机都有多路 PWM 信号，这对于控制来说是很方便的。

(1) D/A 转换器概述。①权电阻 D/A 转换原理。与我们所熟悉的十进制数一样，在一个多位二进制数码中，每一位的 "1" 代表不同的权。从最高位到最低位的权顺差为 2^{n-1}，$\cdots$，2^1，2^0。D/A 转换器就是将每一位代码按 "权" 的分配进行模拟，具体地说，某一位二进制是 "0" 就不予理睬，某一位二进制是 "1" 就按该位的权的大小分配给一定的电压值。这里基准电压源是必不可少的。分配给一定电压往往是用不同电阻实现的。有了全电阻网络和基准电压，再加上电子开关就能组成最简单的 D/A 转换器。

在权电阻网络中，每个电阻的阻值和对应的 "权" 成反比，电子开关

S3～S0 受输入代码 d3～d0 控制。即 d="0"，则开关接地；d="1"，则开关接到基准电压上（也称参考电压）。

②T 形电阻网络 D/A 转换器。其只用了两种电阻（R 和 2R），所以生产比较容易，而且精度也容易保证。

（2）典型 D/A 转换器芯片 DACO832。实用的 D/A 转换器都是单片集成电路，它是典型的数字电路、模拟电路混合集成在单个芯片上，如 DAC0830～DAC0832 是美国国家半导体公司推出的 8 位 D/A 芯片，而 AD7520 是 10 位 D/A，AD7521 是 12 位的 D/A 芯片，以上都是倒 T 形网络。而 AD 公司的 AD561 却是全电流网络组成的 D/A 芯片。

第三章　电气主接线与设备选择

第一节　电气主接线的设计原则

一、对电气主接线的基本要求

(一) 保证供电的可靠性

安全可靠供电是电力生产的首要任务，也是对电气主接线的基本要求。在社会对电能的依赖程度越来越高的情况下，停电不仅对国民经济带来很大的损失，而且会导致人身伤亡、城市人们生活混乱、设备损坏和产品报废等无法估量的损失。因此，电气主接线必须保证供电的可靠性。

当然，像世界一切事物一样，电气主接线的可靠性也不是绝对的。因事故被迫中断供电的机会越少，影响范围越小，停电时间越短，主接线的可靠程度就越高。同样形式的主接线应用在不同的发电厂或变电站，其可靠性也可能是不同的。世界上绝对可靠的事物是不存在的，所以，在确定主接线的可靠性时，要综合考虑发电厂或变电站的地位和作用以及供电范围内用户的负荷性质等因素。大型发电厂或枢纽变电站，供电容量大、范围广，在电力系统中处于十分重要的地位，它发生事故影响大，停电范围广，甚至可能破坏系统的稳定性，造成全系统瓦解，大面积停电等。为此，其电气主接线应采用供电可靠性高的接线形式。如双母线带旁母，一个半断路器等高可靠性的主接线，出线可采用双回线或环网等强联系形式接入系统。对于在系统中处于次要地位的中小型发电厂或变电站，则没有必要采用过高可靠性的接线形式，在电力系统的接入方式上可用单回线，但它的低压母线常有一些近区的重要负荷，这时低压侧应采用可靠性高的母线接线形式，如单母分段带旁母、双母线等。

对于负荷，一般根据负荷的重要性来决定接线形式，一类和二类负荷应采用双电源供电形式。变电站的变压器一般应为两台或两台以上，使得在一台检修时，还可保证对重要负荷的供电。即使是三类负荷，也应在某些重要的用电时段，如农业的抗旱排涝时期，保证供电。因此，电器设备的检修应安排在农闲时进行。

在定性分析主接线的可靠性时，主要应考虑：出线断路器检修时，能否有其他供电路径或其他断路器代替；线路或母线故障或检修时以及母线隔离开关检修时，停运出线数和停电时间的长短，并在此情况下能否保证对一类、二类负荷的供电；大型机组突然停运时，对电力系统运行的影响以及可能产生的后果；发电厂、变电站全部停电后的启动等因素。

值得注意的是，不要认为设备和元件用得越多、接线越复杂就越可靠。复杂的接线有可能造成运行不便，进而降低可靠性。可靠性的高低还与设备质量、管理水平等因素有很大的关系。

(二)具有经济性

在主接线设计时，主要问题经常是可靠性与经济性之间的矛盾，欲使主接线可靠、灵活方便，将导致投资增大。总的原则应该是：在满足供电可靠、灵活方便的基础上，尽力减少投资和运行费用。投资费用主要包括设备费和土地征用费以及安装费等，如使用一些限制短路电流的措施，以便降低开关的容量和数量，合理布置配电装置，节约土地等。运行费主要是电能损耗费，变压器产生的电能损耗较大，因而变压器的形式、台数和容量在设计中必须适当合理且经济。尤其应避免二级变压而增加电能损耗。

二、电气主接线的设计原则

电气主接线的设计是发电厂或变电站设计的主要部分，是一个综合性问题。电气主接线的设计与电力系统结构、状况密切相关，要与系统的运行可靠性、经济性的要求相适应。因此，在进行主接线设计时，应根据设计任务书的要求，全面分析相关影响因素，正确处理它们之间的关系，进行详细的技术经济论证，选出合理的主接线方案。

电气主接线设计的基本原则是：以设计任务书为依据，以国家经济建设方针、政策、技术规范、技术标准为准则，并结合工程实际的具体特点，对基础资料进行全面的分析和研究，在保证供电可靠、调度灵活和较为经济的前提下，还要兼顾运行、维护方便和设备的先进性等，同时还应给以后的扩建和发展留有余地。

三、电气主接线设计的一般步骤

电气主接线的设计是一个复杂的工作，它是随着发电厂或变电站的整体设计进行的，一般经历可行性研究、初步设计、技术设计和施工设计等四个阶段。由于影响因素太多且相互制约，设计工作往往要多次反复修改，最后才能完成。设计的一般步骤如下：

（1）对设计依据和基础资料进行综合分析。在设计主接线时对基础资料的分析主要有：发电机或变压器容量、台数、主要负荷性质和要求、接入系统情况、火电厂的燃料来源、供水、出灰、交通运输、环境污染、征用土地以及居民搬迁等。应尽可能达到准确无误，同时还应了解电力系统5~10年的发展规划。

（2）选择主接线方案。首先，根据设计任务的要求，在对原始资料分析的基础上，按照对电源和出线回路数、电压等级、变压器容量、台数以及母线结构等的不同考虑，初步拟定出多个主接线方案；其次，依据对主接线的基本要求，从技术和经济上论证并淘汰一些不太合理的方案，保留两三个技术和经济上较好的方案；再次，对这两三个方案进行详细的技术经济比较，同时进行一些可靠性的分析计算比较；最后确定一个技术经济总体最优的方案。

（3）短路电流计算和电气开关设备选择。对第（2）步中选出的主接线方案进行短路电流计算，据此选择断路器以及一些必要的限制短路电流的措施。

（4）绘制电气主接线图。对已经确定的主接线方案，按工程要求，绘制工程图。

（5）编制工程概算。编制工程概算是合理地确定工程造价的基础，它是工程付诸实施时投资和招标等的依据。工程概算的主要内容有设备费、材料费、安装工程费和其他费用，如建设场地占用及清理、必要的研究试验费和工程设计费等。

工程概算的编制是以国家颁布的有关文件和具体规定为依据，并按国家定价与市场浮动价格相结合的原则进行。

第二节 电气主接线的基本接线形式

一、电气主接线的基本接线形式

(一) 单母线接线

单母线是一种最简单的接线形式。其所有的进出线均接在同一母线上，它们都是并列工作的，任一出线可以从任一电源获得电能。由于各出线输送功率不一定相等，因而在设计安排时，应合理布置进出线，以尽可能减少在母线上传输功率。

为了利用开关设备改变运行方式或对某一部分因故障或检修时进行隔离，故在每一回线路上都装有断路器和隔离开关。断路器具有灭弧功能，它被用来接通与切断正常或故障回路，是电力系统中的主开关，但价格高。隔离开关没有灭弧装置，故不能带负荷操作，但价格低，其主要功能是形成明显断口，对电源进行隔离，以保证在检修时其他设备和人身的安全。一般把断路器和隔离开关串接成一组，共同完成对支路的开合任务。通常支路两端均有电源时，断路器两侧都必须装设隔离开关，这是为了在检修断路器时能形成明显的断口。当出线用户侧没有电源时，该侧可不装设隔离开关，但基于为了防止雷电产生的过电压的侵入以及费用不大等原因，一般也装设隔离开关。

由于隔离开关没有灭弧装置，不能带负荷操作，在运行操作中必须严格遵守操作顺序，具体为在接通电路时，应先合断路器两侧的隔离开关，再合断路器；在停电时，应先断开断路器，再拉开隔离开关。这样就能防止隔离开关带负荷合闸或拉闸。为了防止误操作事故发生在母线侧，引起母线故障，造成较大的停电范围，所以又对两个隔离开关的操作顺序也做了规定，就是合闸时先合母线侧的隔离开关(也称母线隔离开关)，再合线路侧的隔离开关(也称线路隔离开关)，最后合断路器；跳闸时先断开断路器，再拉开线路侧的隔离开关，最后拉开母线侧的隔离开关。需要说明的是，在某些情况下已保证两端等电位时，也可带电操作隔离开关。

当母线电压在110kV及以上时，断路器两侧的隔离开关和出线隔离开关的线路侧均应装设接地开关，用于设备检修时的安全接地。对于35kV电压等级的母线，每段母线上也应装设一两组接地开关。

单母线接线的优点是接线简单、操作方便、使用设备少、便于扩建且投资少。它的缺点是：供电可靠性低，调度不灵活，当母线或母线隔离开关检修时，接在该母线上的回路都要停电；当某一回路断路器检修时，该回路也必须停电。因此，单母线接线方式只适用于没有重要用户且出线数少的发电厂或变电站。

(二) 单母线分段接线

由于单母线在母线或母线隔离开关检修时，接在该母线上的回路都要停电，这就大大降低了它的供电可靠性，不能满足重要用户对供电可靠性的要求。为此，人们想到用断路器把母线分段来提高它的可靠性和灵活性。这种用断路器把单母线分段的接法，称为单母线分段接线。接在母线上的断路器 (QFD) 则称为分段断路器。

单母线分段接线可以提高供电的可靠性和灵活性，它的一般接法是每一段接一个电源，重要用户也用两个不同段各出一回供电线路。当一段母线发生故障时，分段断路器动作跳闸，把故障段隔离，仅使故障段停电，从而保证正常段的继续供电，尤其是重要用户的供电，避免了它的停电。

母线分段的数目取决于电源的数目和出线数的多少，分段越多，故障停电的范围越小，但需要的开关数量越多，增加的投资也多，运行也复杂，一般为二三段为宜。正常情况下，要适当分配每段母线上的电源和出线，使其功率基本平衡，应使流过分段断路器的电流最小。单母线分段接线一般用在35~110kV的变电站和6~10kV的低压母线上。

单母线分段接线的优点是接线简单清晰，而且较为经济，同时在一定程度上提高了供电的可靠性。缺点是增加了分段设备的投资和增大占地面积；当主接线中某段母线或母线隔离开关检修时，接在该段母线上的回路都要停电；当某一回路断路器检修时，该回路也必须停电。

(三) 双母线和双母线分段接线

为了克服单母线和单母线分段在母线或母线隔离开关检修时，接在该母线上的回路都要停电的共同缺点，可采用双母线接线。这种接线方式是每一台断路器都配备两台母线隔离开关分别连接在两组母线上，两组母线之间通过断路器（该断路器称为母联断路器）相连。

双母线接线与单母线接线相比，其运行的可靠性和灵活性都有了很大的提高。双母线接线的一种运行方式是一条母线工作，另一条母线检修或备用。这种方式就克服了单母线和单母线分段在母线或母线隔离开关检修时，接在该母线上的回路都要停电的缺点。双母线接线在一条母线需要检修时，可把该母线上的电源和出线先倒至另一条工作母线上，然后断开母联断路器，拉开隔离开关，使得被检修的母线停电后，再对该母线检修，这种操作使得用户不需停电。如果在运行中一条母线发生故障，断路器在保护控制下跳闸，会造成短时停电，但只要把已停电的电源和用户倒至另一条母线上就可继续供电，不像单母线需要等到母线修复后才能供电，这无疑缩短了停电时间，提高了供电的可靠性。检修任一母线隔离开关时，只需断开此母线隔离开关所属的一条回路和与此隔离开关相连的该组母线，其他回路均可通过另一母线继续运行，它只导致该回路停电，而单母线接线在这种情况下要全部停电。双母线的正常运行方式是两条母线均投入工作，通过母联断路器连接并联运行，电源和出线均衡地分布在两条母线上，这种运行方式的可靠性与单母线分段运行的可靠性一致，比前一种运行方式（一条运行，一条备用）的可靠性高。

需要说明的是，当要把一条母线上的某个回路倒至另一条母线时，不需要断开该回路的断路器，只需要保证两组母线等电位（即母联断路器和它两侧的隔离开关都在合闸位置），就可先合上该回路接到另外一条母线上的隔离开关，再拉开接到该母线上的隔离开关即可。这种操作与带电断开或接通负荷是完全不同的。

双母线接线的缺点是使用的设备多，尤其是隔离开关多，配电装置复杂，投资大，经济性较差；母联断路器故障时，会导致两条母线都停电；当出线断路器或线路侧隔离开关故障时，该线路也会停电。

双母线接线广泛使用在进出线较多时，如 110～220kV 为 5 回及以上，35kV 为 8 回及以上，6～10kV 重要用户较多或带电抗器的配电装置等。

为了缩小母线故障的停电范围，可采用双母线分段接线。与双母线接线相比，母线之间的相连用了3个断路器，比双母线接线多了2个断路器，还有大量的隔离开关，因而增加了投资，但它不仅有双母线接线的各种优点，并且在各种时候都有备用母线，较大地提高了运行的可靠性与灵活性。当进、出线回路数很多时，输送和通过功率较大时，两组母线均可分段，形成双母线4分段接线。双母线分段接线被大量应用在发电厂发电机的电压配电装置中，以及220kV及以上的配电装置中。

(四)带旁路母线的接线方式

前面介绍的接线方式，都有一个共同的缺点，即当断路器故障或检修时，若不采用临时性的一些接线措施，则该断路器所在回路必须停电。然而断路器长期运行或切断一定次数短路电流后，其灭弧性能和力学性能肯定有所下降，为保证其可靠工作，必须对其进行检修。解决上述问题的一个办法就是加装旁路母线（简称旁母）。有了旁母后，在检修断路器时，原回路可通过旁母送电，避免了停电。目前，带有旁母的接线形式有三种：有专用旁路断路器的旁母接线；用母联断路器兼作旁路断路器的旁母接线；用分段断路器兼作旁路断路器的旁母接线。

(五)一个半断路器接线

一个半断路器接线，两条母线间可接有若干串电路，每串有3组断路器，它们之间可接入2回的进线或出线，中间一组断路器称为联络断路器。由于每条进线或出线平均装设1.5个断路器，故称这种接线为一个半断路器接线或3/2接线。在每一串中，2回的进线或出线各自经一台断路器接至不同母线。运行时，2组母线和同一串的3台断路器都投入工作，形成多环路供电，具有很高的可靠性。

它的主要特点是任一台断路器检修时，进出线均不受影响。当一组母线故障或检修时，所有回路仍可通过另一组母线继续运行。即使在2组母线同时故障的极端情况下，电能仍能继续输送。一个半断路器接线运行方便、操作简单，检修任一母线或任一断路器时进出线回路都不需切换。这种接线中的隔离开关只做检修时隔离带电设备用，免除了更改运行方式时对它的操作。

为了防止联络断路器故障时，可能同时切除两组电源，应尽量把同名元件布置在不同串中，接入不同母线，也就是将电源和出线交叉配置，同一用户的双回线路也布置在不同串中，这可进一步提高可靠性。

一个半断路器接线的主要缺点是：所用的断路器设备较多，投资较大；要求电源和出线数目最好相同；每个引出回路接两组断路器，联络断路器连接着2个回路，使得继电保护及二次回路复杂。进出线故障时，将需要紧连该线路的2个断路器跳闸。一个半断路器接线在一次回路中的突出优点，使其被大量用在330kV及以上的高压配电装置中。与此接线相近的接线还有4/3台断路器接线，它的一串有4台断路器，连接3回进出线路。这种接线方式通常用于发电机台数大于线路数的大型水电厂，以便实现一个串的3个回路中电源与负荷容量相互匹配。与一个半断路器接线相比，其投资节省，但可靠性有所降低，布置也较复杂。

(六) 桥形接线

当只有2台变压器和2条线路时，可以考虑采用桥形接线。桥形接线可分为内桥和外桥2种接线，它们的主要区别是连接桥的位置不同，内桥接线的桥联断路器在靠近变压器侧，外桥接线的桥联断路器在靠近线路侧。有时为了在检修变压器和线路回路中的断路器时不中断线路和变压器的继续运行，一般在桥形接线中附加一个与桥联断路器并联的带隔离开关的跨条。该跨条在正常情况下是断开的，而在桥联断路器检修时，合上跨条回路中的隔离开关，能使穿越功率从跨条通过，也能使环形电网不会被迫开环运行。

正常运行时，桥联断路器处于闭合状态。内桥接线，当线路故障时，只需断开故障线路的断路器即可，其他3个回路不受影响。对于变压器故障，就需断开2个断路器，即一个桥联断路器和一个与该变压器直接相连的线路断路器，也就是说该线路也要停电。如果是变压器计划检修时，该线路也需短时停电。故内桥接线适用于输电线路较长，故障概率较大，而变压器又不需经常切换的情况。外桥接线和内桥接线正好相反，对于变压器故障的情况，只需断开故障变压器的断路器即可，其他3个回路不受影响；对于线路故障时，就需断开两个断路器，一桥联断路器，一个与该线路直接相连的变压器断路器。同样当线路计划检修时，该变压器也需短时停电。故外桥接线用于输电线路较短，故障较少，而变压器又可能经常切换或有穿越功率经过的情况。在实际运行中，变压器的故障概率比线路要小很多，所以内桥接线应用较多。

桥形接线中只用3台断路器，比4条回路的单母线还少一台断路器，是使用断路器最少的接线方式，投资少，也可较方便地扩展成单母线分段接线方式。这种接线方式的可靠性和灵活性较差，一般应用于容量较小的变电站和发电厂，或应用于最后要发展为单母线分段或双母线的初期工程。

(七) 角形接线

角形接线是将各断路器支路连成一个环形电路，电源和出线接在各断路器支路的顶点，每条支路都与两个断路器相连，进而与另外两条支路相连。角形接线中的角数等于断路器数，也等于回路数，常用的角形接线有三角形和四角形。

角形接线的优点是：使用的断路器数目比单母线分段接线或双母线接线还少一台，但它的可靠性与双母线接线的可靠性相同。当某一台断路器检修时，只需断开其两侧的隔离开关，所有回路可继续正常运行；任一回路发生故障时，只需跳开与该回路相连的两台断路器，其他回路可继续正常运行；所有隔离开关只用于检修时隔离电源，不作经常性的操作用，不容易发生带负荷断开隔离开关的事故。

角形接线的缺点是：当某一台断路器检修时，多角形就开环运行，降低了供电的可靠性；电气设备在闭环和开环运行时，流过的工作电流差别很大，这给它们的选择带来了困难，也使继电保护配置复杂化；角形接线不利于扩建，需扩建的发电厂或变电站，一般不使用这种电气主接线。

角形接线的角数越多，发生开环的概率就越大，故角形接线的进出线总数受到限制，一般不超过6角，即6回进出线，大多数是3~5回。角形接线适用于进出线为3~5回的已定型的110kV及以上的配电装置。

(八) 单元接线

将发电机和变压器直接连接成一单元，再经断路器接至高压系统，发电机出口处除厂用外，不再装设母线，从而组成发电机－变压器单元接线。

单元接线是无母线接线中最简单的接线形式，也是所有主接线基本形式中最简单的一种。它的主要特点是几个元件直接连接，没有横向联系。发电机－双绕组变压器单元接线一般应用于大型机组，这种接线的发电机和变压器不能独立工作，它们的容量必须匹配，它只用一个断路器，发电机与变压器之间不用断路器，避免了由于额定电流或短路电流过大，选择出口断路器时遇到的制造条件或价格高等困难。但是一般在发电机与变压器之间装设隔离开关，以利于调试发电机。为避免大型发电机（200MW 及以上的机组）出口短路，可采用安全可靠的分相全封闭母线来连接发电机和变压器，这时隔离开关也可不装，但应留有可拆点，目的是便于机组调试。

发电机与三绕组变压器组成的单元接线，变压器增加了一个电压等级。这是为使发电机在启动时获得厂用电以及在发电机停止工作时仍能保持高、中压侧电网之间的联系。因此，在这种情况下，三绕组变压器的三侧均须装设断路器和隔离开关。

单元接线的优点是：接线简单，开关设备少，操作简便；无多台发电机并列运行，发电机出口短路电流小；配电装置结构简单，占地少，节省投资。主要缺点是单元中任一元件故障或检修时，全部设备就都需停止工作，因而，应尽可能安排在同一时间进行检修。

上述桥形接线、角形接线和单元接线都属于无母线接线方式，它们的特点是使用断路器的数量较少、结构简单、投资少。一般用在 6～220kV 电压等级的电气主接线中。其缺点是运行不太灵活，可靠性较差，不利于发展和扩建。

二、发电厂和变电站电气主接线的选择原则

（一）发电厂电气主接线的选择原则

（1）对于发电厂的高压配电装置，若地位重要、负荷大、潮流变化剧烈且出线较多时，一般采用双母线或双母线分段接线。

（2）当110kV、220kV 配电装置采用单母线或双母线接线，而且断路器不具备停电检修条件时，应设置旁路母线。当110kV 出线在 6 回及以上，220kV 出线在 4 回及以上时，应采用带专用旁路断路器的旁路母线。

（3）对于330kV、500kV 及以上配电装置，当进出线为6回及以上，在系统中的地位重要且有条件时，应采用一个半断路器接线，当进出线少于6回，如能满足系统稳定性、可靠性要求时，也可采用双母线分段带旁路母线的接线。

（4）当35～60kV 配电装置采用单母线分段接线，而且断路器不具备停电检修条件时，应采用不带专用旁路断路器的旁路母线；当采用双母线接线时，一般不设置旁路母线。

（5）当机组容量较小、数目较多时，一般可设发电机电压母线，其母线可采用单母线分段、双母线或双母线分段的接线方式。

（6）容量在200MW 及以上的发电机和双绕组变压器作单元接线时，在发电机与变压器之间不应装设断路器，如果采用分相全封闭母线时，也不装隔离开关，但必须有可拆连接点，以便调试发电机。

（7）发电机－变压器组的高压侧断路器，一般不设置旁路母线，其断路器检修应在发电机停运时进行。

（8）容量在200W 以下的发电机和双绕组变压器作单元接线时，在发电机与变压器之间不应装设断路器；当与三绕组变压器或自耦变压器作单元接线时，在发电机与变压器之间应装设断路器和隔离开关，其厂用电分支应接在断路器与变压器之间。

（9）当两台发电机与一台变压器作扩大单元接线时，在发电机与变压器之间应装设断路器和隔离开关。

（二）变电站电气主接线的选择原则

（1）在110kV、220kV 配电装置中，当线路为三四回时，一般采用单母线分段接线；若为枢纽变电站，线路在4回及以上时，一般采用双母线接线。

（2）在35kV、60kV 配电装置中，当线路为3回及以上时，一般采用单母线或单母线分段接线；若连接电源较多、出线较多、负荷较大或处于污秽地区，可采用双母线接线。

（3）如果断路器不允许停电检修，则应增加旁路母线。当所需旁路断路器较少时，先考虑采用以母联或分段断路器兼作旁路断路器。在35kV、

60kV 配电装置中，若接线方式是单母线分段，可增设旁路母线和隔离开关，用分段断路器兼作旁路断路器若为双母线时，可不设旁路断路器，仅增设旁路隔离开关，用母联断路器兼作旁路断路器。在110kV、220kV 配电装置中，若最终出线回路较少，也可采用母联断路器兼作旁路断路器的方式。当110kV 线路在 6 回及以上，220kV 线路在 4 回及以上时，一般装设专用旁路断路器。

（4）我国 330kV、500kV 变电站的主接线，一般采用一个半断路器接线、双母线多分段带旁路母线接线和多角形接线等。若采用双母线多分段带旁路母线接线方式，电源与负荷应均匀分布在各段母线上，并且每段母线上接有二三个回路，即最终进出线为六七回，宜采用双母线三分段带旁路母线接线。若最终进出线为 8 回时，宜采用双母线四分段带旁路母线接线。变电站的低压侧常采用单母线分段或双母线接线。

（5）对于 500kV 及以上变电站的主接线，还应达到任一台断路器检修时，不影响对系统的连续供电。除母联及分段断路器外，在任一台断路器检修期间，又发生另一台断路器故障拒动，以及母线故障，可不切除三个以上的回路。

（6）在具有两台主变压器的变电站，当 35 ~ 220kV 线路为双回时，若无特殊要求，该电压级主接线可采用桥形接线或单母线分段接线。

（7）在 6kV、10kV 配电装置中，当线路为 5 回及以下时，一般采用单母线接线；当线路为 6 回及以上时，一般采用单母线分段接线；若出现短路电流较大、出线较多、功率较大等情况时，可采用双母线接线方式，通常不设旁路母线。

第三节　高压电气设备的选择

一、电气设备选择的一般原则

虽然电力系统中各种电气设备的作用及工作条件并不相同，具体的选择方法也不完全相同，但对这些设备的基本要求却是一致的，即要能可靠运行。为此，电气设备不仅要满足正常的工作条件，而且在发生短路时应能承受短时发热和电动力的作用，即满足热稳定和动稳定的条件。

(一) 按正常工作条件选择电气设备

电气设备正常的工作条件主要是电压、电流及环境条件的影响。

(1) 额定电压。各种电气设备都有它的额定电压，该电压必须与设备工作处电网的额定电压相一致。电网的实际电压由于负荷的变动、调压的要求等，有时会高出额定电压，又因为电压合格率的要求，电网的实际电压一般不高于 1.15 倍的额定电压，因而要求电气设备在此电压下必须能正常运行，故要求电气设备允许的最高工作电压应大于电网的最高运行电压。所以，选择电器时，一般可按电器的额定电压不低于装设地点电网额定电压的条件。

(2) 额定电流。各种电气设备都有它的额定电流 I，即在额定环境温度下（一般是 40℃），电气设备长期运行所允许通过的电流。

对于发电机及其相应回路的 L 应按发电机额定电流的 1.05 倍确定；对于变压器有可能过负荷运行的情况，应按过负荷确定（1.3 ~ 2 倍变压器额定电流）；母联断路器回路一般可取母线上最大一台发电机或变压器的；母线分段电抗器的可取母线上最大一台发电机跳闸时，保证该段母线负荷所需的电流；出线回路的还应考虑事故时由其他回路转移过来的负荷和本回路原来负荷一起所达到的最大电流。

(3) 环境条件。在选择电器时需考虑设备安装地点的环境条件，如温度、湿度、污染等级、海拔高度以及地震烈度等。不同的环境应选择适应该环境的电器。尤其还应注意小环境。例如，电器安装在室内时应选择户内型设备，安装在室外时应选择户外型设备；此外，还应根据环境分别使用能抗寒冷的高寒区产品，适应热带区的产品，尤其是能抗污染的防污型产品。

由于高原地区大气压力空气密度和湿度相应减少，空气间隙和外绝缘的放电特性下降，一般当海拔在 1 000 ~ 3 500m 时，海拔比厂家规定值每升高 100m，则电气设备允许最高工作电压要下降 1%。当最高工作电压不能满足要求时，应采用高原型设备。对于 110kV 及以下电气设备，由于外绝缘裕度较大，可在 2 000m 以下使用。在实际运行中，当环境温度高于 +40℃时，电器设备的允许电流可按每增高 1℃，额定电流减小 1.8% 修正；当环境温度低于 +40℃时，电器设备的允许电流可按每降低 1℃，额定电流增加 0.5%

修正，但其最大电流不得超过额定电流的20%。

（二）按短路条件校验

电器在选定后，应按其最大可能通过的短路电流进行热、动稳定的校验。不满足热、动稳定条件的电器应重新选择。

（1）短路热稳定校验。短路时，短路电流通过电器可导致设备温度升高。满足热稳定的根本条件是短路时的最高发热温度不应超过设备短时发热最高允许温度。

（2）短路动稳定校验。动稳定是指设备承受短路电流机械效应的能力。动稳定的根本条件是短路冲击电流产生的最大应力不大于材料的允许应力。

二、主变压器的选择

在发电厂和变电站中，用来向电力系统或用户输送功率的变压器称为主变压器。主变压器的容量、台数、型式和结构等直接影响主接线的形式和配电装置的结构。它的确定除依据所传递的容量外，还应考虑到电力系统的近期规划（5~10年）、进出回路线数、电压等级以及在系统中的地位，通过综合分析再合理确定。由于发电厂与变电站并不完全相同，因而它们的选择原则也不完全相同，现分别叙述。

（一）发电厂主变压器的选择

1. 台数与容量的确定原则

（1）发电机和变压器作单元接线时，变压器容量应按发电机的额定容量减去本机组的厂用负荷后，再留有10%的裕度来确定。

（2）具有发电机电压母线的主变压器的容量与台数，应考虑：

①应大于发电机的全部容量减去厂用加机端最小值供负荷。

②应考虑有一台最大主变检修时，其余变压器能输送母线剩余功率的70%以上。

③一台最大容量的发电机组检修，甚至因某种原因可能全部机组停用时，主变压器能从系统倒送功率到发电机电压母线，并满足母线上用户的最大负荷需要。

④ 电厂安装两台以上发电机，则变压器的台数必须大于或等于两台。

2. 形式与结构的选择

（1）容量为300MW及以下机组单元连接的主变压器，若接入330kV及以下的电力系统中，一般都应选用三相变压器。发电机组若接入500kV及以上电力网，应根据制造、运输条件及可靠性要求等因素，进行经济性和技术性比较后，也可采用单相变压器组，这时一般装一台备用单相变压器。

（2）发电厂以两种高电压级与系统连接或向用户供电时，可采用两台双绕组变压器或三绕组变压器。最大机组容量在125MW及以下时，多采用三绕组变压器。由于三绕组变压器根据功率的流向不同确定绕组的排列，因此有升压变压器和降压变压器之分，发电厂应选用升压型变压器。机组容量在200MW以上的发电机宜采用发电机－双绕组变压器单元接线系统。

（3）扩大单元接线的主变压器，应优先使用分裂变压器，可限制短路电流。

（4）在110kV及以上中性点直接接地系统中，凡需要三绕组变压器的场所，一般可优先选用自耦变压器。其损耗小，价格低。

（5）由于发电机出口电压可通过调励磁改变，因而为了节省投资，一般不选用有载调压变压器，而是用无激磁调压。

（6）为了防止高压侧接地短路时，零序电流入发电机，一般变压器接发电机侧的绕组接成三角形，它也给三次谐波电流提供通路，保证主磁通接近正弦波。

（二）变电站主变压器的选择

（1）变电站中一般装设两台变压器；每台的容量不仅要大于变电站的 I、II 类负荷的总和，且要大于总负荷的70%。对于330kV及以上变电站，经济性、技术性比较，合理时可装设三四台主变压器。

（2）对于330kV及以下的电力系统中，一般都应选用三相变压器。对于500kV及以上变电站，应根据制造、运输条件及可靠性要求等因素，进行经济、技术比较后，也可采用单相变压器组，这时一般装一台备用的单相变压器。

（3）具有三种电压等级的变电站，如各侧的功率均达到主变压器额定容量的 15% 以上时，主变一般选用三绕组变压器。

（4）在与两种 110kV 及以上中性点直接接地系统连接的变压器，一般可优先选用自耦变压器。

（5）500kV 及以上变电站可选用自耦强迫油循环风冷式变压器。主变的短路电压应根据电网情况、断路器断流能力以及变压器结构选定。

（6）对于深入负荷中心的变电站，为简化电压等级和避免重复容量，可采用双绕组变压器。

（7）为了调压，一般选用有载调压变压器，对于功率从高压侧流向中、低压侧的降压变电站，应选用降压变压器；而对于功率从低压侧流向中、高压侧的升压变电站，应选用升压变压器。

三、高压断路器、隔离开关的选择

高压断路器和隔离开关是电器主接线系统的重要开关电器。高压断路器在正常运行时，用于把设备或线路断开或投入运行，起着控制倒换运行方式的作用；在故障时，通过继电保护的启动操作，可快速切除故障回路，以保证无故障部分继续正常运行，起保护作用。断路器最主要的特点是具有断开电路中正常负荷电流和故障短路电流的能力。这是由于高压断路器中具有灭弧装置，它是利用电弧电流每半周过零一次自然熄弧的特点，再采取一些附加措施，加强弧隙的去游离或减小弧隙电压的恢复速度，从而实现安全断开电气设备中的负荷电流和短路电流。高压隔离开关是不能够断开电气设备中的负荷电流和短路电流的，它只能在回路中断路器已断开的情况下，再来操作以便形成明显断口或闭合准备供电，保证检修工作的安全。当某两点为等电位或不会产生较大电弧时，也可用隔离开关来接通电路，如已充电的旁路母线与带电的出线的接通。

（一）高压断路器的选择

选择高压断路器主要包括高压断路器的种类、型式、额定电压、额定电流、开断电流、关合短路电流，以及短路时的热稳定和动稳定校验。

（1）断路器种类和形式选择。断路器一般按照灭弧介质分为油断路器、压缩空气断路器、真空断路器和六氟化硫（SF_6）断路器等。油断路器用油作为灭弧介质，开断能力差，目前应用越来越少；真空断路器以真空作为绝缘和灭弧介质，可连续多次操作，开断性能好，灭弧迅速，常用于 10kV、5kV 电压等级中，尤其是在 10kV 电压等级中，90% 以上使用它；SF_6 断路器用 SF_6 气体灭弧，额定电流和开断电流可做得很大，开断性能好，常用于 35kV 以上电压等级中，尤其是超高压领域，大都选用它；压缩空气断路器的额定电流和开断电流都可做得很大，一般用于 110kV 及以上电压等级，它的缺点是维修周期长，且需要一套压缩空气装置作为气源。选择断路器型式时，应根据断路器的特点以及使用的电压等级、环境和价格等经济性与技术性比较后确定。

（2）额定电压选择所选断路器的额定电压，应大于或等于安装出电网的额定电压。

（3）额定电流选择所选断路器的额定电流，应大于或等于各种可能运行方式下回路中的最大持续负荷电流。

（4）开断电流选择所选断路器的额定开断电流，应大于或等于实际开断瞬间的短路电流最大周期分量。

（5）短路关合电流的选择在断路器合闸之前，若电路上已存在故障，则在断路器合闸过程中，就有巨大的短路电流通过；而且断路器在关合短路电流时，不可避免地在接通之后又在保护的控制下自动跳闸，此时又必须能够切断短路电流。

（二）隔离开关的选择

隔离开关的主要功能是隔离电压和倒闸操作。它虽不能切断短路电流，但它必须能够经受住短路电流的考验。这是因为电路短路后，断路器未动作前，短路电流同样流过隔离开关。

因隔离开关正常时仅在电路已断开或等电位时进行操作，有时也用来分、合小电流，而不用来切断和接通短路电流，故无须进行开断电流和短路关合电流的校验，因而只需做以下工作：

（1）形式选择。隔离开关的形式较多，如有户内式和户外式；有单柱式、双柱式、三柱式等。选型时应根据配电装置特点和使用要求等因素进行经济性与技术性比较后确定。

（2）额定电压选择。所选隔离开关的额定电压应大于隔离开关安装出电网的额定电压。

（3）额定电流选择。所选隔离开关的额定电流应大于或等于各种可能运行方式下回路的最大持续电流。

四、架空导线的选择

(一) 导线选型

导线通常是由铜、铝、铝合金制成。铜的电阻率低，耐腐蚀性好，机械强度高，是很好的导体材料。由于铜的价格贵、用途广、储量有限，因而铜材料一般限于在持续工作电流大、铝腐蚀较大的场所。铝的导电性仅次于铜，也是一种好的导体材料，而且我国储量丰富，价格便宜，易于加工，一般优先使用铝导线，但由于铝的耐拉性较差，因而高压架空导线一般应使用钢芯铝绞线，钢芯用来承载机械拉力。对于电压等级大于 220kV 的架空线，为了减少线路电抗和电晕损耗，常采用分裂导线或扩径导线（在不增大载流部分截面积的情况下扩大导线直径）。

(二) 导线截面选择

导体标称截面积可按长期发热允许电流或按经济电流密度进行选择，对年最大负荷利用小时数大（通常指大于 5 000h），长度较长（20km 以上）的导线，其截面一般按经济电流密度选择。持续电流较小，年利用小时数较低的导线，一般按最大长期工作电流选择。

（1）按最大长期工作电流进行选择。为保证导体正常工作时的温度不超过允许值，导体所在回路中最大长期工作电流，应小于导体所允许通过的电流。

（2）按经济电流密度选择。按最大长期工作电流进行导线截面选择，虽然考虑了安全性，但没有考虑长期运行的经济性。电流流过导体时，必然要产生电能损耗，电能损耗的大小与导体通过的电流大小、导体电阻和运行时间长短有关。导体的电阻和导体的截面积成反比，截面积越大电阻越小，运行费用越小，但投资越大。这是一对矛盾。综合考虑运行费用和投资两者的关系，选择年计算费用最小时所对应的导体截面积是最合适的，称为经济截面积。对应于经济截面积的电流密度，称为经济电流密度。

(三) 按机械强度校验导线截面积

为保证架空导线具有必要的安全机械强度，对于跨越铁路、公路、通信线路以及居民区等，其导线截面积不得小于 $35mm^2$；对于其他地区的允许最小截面积为：电压等级为 35kV 以上线路，其导线截面积不得小于 $25mm^2$；电压等级为 35kV 以下线路为 $16mm^2$。实际中导线截面积往往大于上述数值，故一般可不必验算机械强度。

(四) 按发热校验导线截面积

导线截面积选定后，还需根据可能出现的正常运行方式和事故后运行方式进行发热校验。在正常情况下，铝导线的最高工作温度为 70℃，在计及日照影响时，钢芯铝绞线的温度不应超过 80℃。

导线的发热校验，其方法是长期允许载流量与实际可能的工作电流量的校核。各种规格的铝导线和钢芯铝导线在海拔 1 000m 及以下，环境温度为 25℃时的长期允许载流量可从电力工程设计手册中查到。如果海拔高于 1 000m，环境温度高于 25℃时，应做修正，其修正系数也可从手册中查到。

五、电力电缆的选择

(一) 电缆型号选择

电缆型号很多，应根据用途、敷设方式和使用条件进行选择。10kV 及以上电压等级电缆，一般采用单相充油电缆或交联聚乙烯电缆等干式电缆；110kV 以下电压等级电缆一般使用三相电缆；厂用高压电缆一般选用纸绝缘铅包电缆；高温场所宜用耐热电缆；直埋地下敷设电缆宜选用钢带铠装电缆；潮湿或有腐蚀地区应选用塑料护套电缆；敷设在高差大的地点，应采用不滴流电缆或塑料电缆。

（二）电压选择

电缆的额定电压 I/N 应大于或等于所在电网的额定电压。

（三）截面选择

电缆截面的选择与电力线路基本相同，即按电缆长期发热允许电流和按经济电流密度选择。

第四章 电力工程项目管理

第一节 电力工程项目及其管理

一、电力工程项目的概念及组成

(一) 电力工程项目的概念

电力工程项目分为发电建设项目和电网建设项目，它们都属于建设工程项目。建设工程项目指通过基本建设和更新改造已形成固定资产的项目，基本建设和更新改造都是进行固定资产再生产的方式。电力工程项目是指通过基本建设和更新改造，以形成能将其他能转换成电力行业固定资产的项目。其中，基本建设是实现电力行业扩大再生产的主要途径。

基本建设项目一般指在一个总体设计或初步设计范围内，由一个或几个单项工程组成，在经济上进行统一核算、行政上有独立组织形式，实行统一管理的建设单位。凡属于一个总体设计范围内，分期分批进行建设的主体工程和附属配套工程、综合利用工程、供水供电工程等，均应作为一个工程建设项目，不能将其按地区或施工承包单位划分为若干个工程建设项目。同时注意，也不能将不属于一个总体设计范围内的工程，按各种方式归集为一个建设项目。更新改造项目是指对企业、事业单位原有设施进行技术改造或固定资产更新的辅助性生产项目和生活福利设施项目。

(二) 建设工程项目的组成

建设工程项目一般可分为单项工程、单位工程、分部工程和分项工程。

1. 单项工程

单项工程是指在一个建设项目中，具有独立的设计文件，竣工后可以独立发挥生产能力或效益的一组配套齐全的工程。如两网改造中新建的一座变电站、发电厂的发电机组等。单项工程是建设工程项目的组成部分，一个建设工程项目可以由多个单项工程组成，有时也可能只由一个单项工程组成。

2. 单位工程

单位工程是单项工程的组成部分，是指具备独立施工条件且单独作为计算成本对象，但建成后不能独立进行生产或发挥效益的工程。

（1）民用项目的单位工程较容易划分。以一栋住宅楼为例，其中一般土建、给排水、采暖、通风、照明工程等各为一个单位工程。

（2）工业项目由于工程内容复杂，且有时出现交叉，因此单位工程的划分比较困难。以一个车间为例，其中土建、机电设备安装、工艺设备安装、工业管道安装、给排水、采暖、通风、电气安装、自控仪表安装等各为一个单位工程。

3. 分部工程

分部工程是单位工程的组成部分，在单位工程中按工程的部位、材料和工种进一步分解的工程，称为分部工程。由于每一分部工程中影响工料消耗大小的因素很多，为了计算工程造价和工料耗用量的方便，还必须把分部工程按照不同的施工方法、不同的构造、不同的规格等，进一步地分解为分项工程。

4. 分项工程

分项工程是分部工程的组成部分，是指能够单独地经过一定施工工序完成，并且可以采用适当计量单位计算的工程。

具有同样技术经济特征的分项工程，所需的人工、材料、施工机械消耗大致相同，可以根据相应的原则，采用各种方法进行计算和测定，从而按照统一的计量单位制定出每一分项工程的工、料、机消耗标准。

发电建设项目预算项目层次划分，在各专业系统（工程）下分为三级：第一级为扩大单位工程，第二级为单位工程，第三级为分部工程。

二、电力工程项目的特点

电力工程项目除具有项目的一般特征外，还具有如下明显的特点：

(一) 建设周期长，投资额巨大

由于建设工程项目相对于其他的一般项目而言，往往规模大、技术复杂、涉及的专业面宽，因而从项目设想到设计、施工、投入使用，少则需要几年，多则需要十几年，更多的甚至需要数十年。项目在实施时的投资额也很大，稍具规模的项目，其投资额就数以亿计。

(二) 整体性强

建设项目是按照一个总体设计建设的，它是可以形成生产能力或使用价值的若干单项工程的总体。各个单项工程各自独立地发挥其作用，来满足人们对项目的综合需要。

(三) 受环境制约性强

工程项目一般露天作业，受水文、气象等因素的影响较大；建设地点的选择受地形、地质、基础设施、市场、原材料供应等多种因素的影响；建设过程中所使用的建筑材料、施工机具等的价格会受到物价的影响等。

(四) 与国民经济发展水平关系密切

电力企业由于产品的特殊性，其生产与消费必须同步，而且在量上必须平衡，从而要求电力产品的供应既要满足经济发展和人民生活水平提高的需要并留有一定余地，生产能力又不能出现太多的过剩。

三、电力工程项目分类

由于电力工程项目种类繁多，为了适应对建设项目进行管理的需要，正确反映建设工程项目的性质、内容和规模，应从不同角度对建设工程项目进行分类。

(一) 按建设性质分类

1. 新建项目

指根据国民经济和社会发展的近远期规划，按照规定的程序立项，从无到有的项目。

2.扩建项目

指现有电力企业在原有场地内或其他地点，为扩大电力产品的生产能力在原有的基础上扩充规模而进行的新增固定资产投资项目。

当扩建项目的规模超过原有固定资产价值（原值）三倍以上时，则该项目应视作新建项目。

3.迁建项目

指原有电力企业，根据自身生产经营和事业发展的要求，或按照国家调整生产力布局的经济发展战略的需要，或出于环境保护等其他特殊要求，搬迁到异地建设的项目。

4.恢复项目

指原有电力企业因在自然灾害、战争中，使原有固定资产遭受全部或部分报废，需要进行投资重建以恢复生产能力的建设项目。

这类项目，不论是按原有规模恢复建设，还是在恢复过程中同时进行扩建，都属于恢复项目。但对于尚未建成投产或交付使用的项目，若仍按原设计重建的，原建设性质不变；如果按新的设计重建，则根据新设计内容来确定其性质。

总之，基本建设项目按其性质分为上述四类，一个基本建设项目只能有一种性质，在项目按总体设计全部完成前，其建设性质始终是不变的。

（二）按投资作用分类

1.生产性建设项目

指直接用于电力产品生产或直接为电力产品生产服务的工程项目。

2.非生产性建设项目

指用于教育、文化、福利、居住、办公等需要的建设。

（三）按项目建设规模分类

为适应对工程建设分级管理的需要，国家规定基本建设项目分为大型、中型、小型三类；更新改造项目分为限额以上和限额以下两类。不同等级的建设工程项目，国家规定的审批机关和报建程序也不尽相同。电力建设项目的规模可根据如下方式进行划分：

1.电力建设项目按投资额划分

投资额在 5 000 万元及以上的为大中型项目，投资额在 5 000 万元以下的为小型项目。

2.发电厂按装机容量划分

装机容量在 25 万 KW 以上为大型项目，装机容量在 2.5 万～25 万 KW 之间的为中型项目，装机容量小于 2.5 万 KW 的为小型项目。

3.电网按电压等级划分

电压 330KV 以上为大型项目；电压为 220KV 和 110KV，且线路较长在 250km 以上的为中型项目；110KV 以下为小型项目。另外，随着国家电力工业的迅速发展，大电网的逐渐形成，电力的传输距离越来越长，现在已出现很多电压等级达到 500KV 甚至达到 750KV 超高压的电力线路。

(四) 按电网工程建设预算项目分类

（1）变电站、换流站及串联补偿站，均可分为建筑工程项目和安装工程项目。

（2）输电线路工程，可分为架空线路工程、电缆线路工程。

（3）系统通信工程，可分为通信站建筑工程和通信站安装工程。

四、电力工程项目管理

(一) 电力工程项目管理概述

1.电力工程项目管理的概念

电力工程项目管理指项目组织运用系统工程的观点、理论和方法对建设工程项目生命周期内的所有工作(包括项目建议书、可行性研究、项目决策、设计、采购、施工、验收、后评价等)进行计划、组织、指挥、协调和控制的过程。电力工程项目管理的核心任务是控制项目目标(主要包括质量目标、造价目标和进度目标)，最终实现项目的功能，以满足使用者的要求。电力工程项目的质量、造价、进度三大目标是一个相互关联的整体，它们之间既存在着矛盾的对立方面，又存在着统一方面。进行项目管理，必须充分考虑建设工程项目三大目标之间的对立统一关系，注意统筹兼顾，合理确定这些目标，防止产生过分追求某一目标而忽略其他目标的现象。

（1）三大目标之间的对立关系。通常情况下，如果对工程质量有较高的要求，就需要投入较多的资金和花费较长的时间；如果要抢时间、争速度，以极短的时间完成工程项目，势必会增加投资或使工程质量下降；如果要减少投资、节约费用，必然要考虑降低工程项目的功能要求和质量标准。

（2）三大目标之间的统一关系。通常情况下，适当增加投资数量，为采取加快进度的措施提供一定的经济条件，即可以加快进度、缩短工期，使项目尽早动用，促使投资尽早收回，项目全寿命期经济效益得到提高；适当提高项目功能要求和质量标准，虽然会使前期的一次性投资增加和建设工期的延长，但是这些成本的增加会随着项目启动后经常维修费的节约而得到补偿，会使项目获得更好的投资经济效益。如果项目进度计划定得既科学又合理，使工程进展具有连续性和均衡性，不但可以缩短建设工期，而且有可能获得较好的工程质量并降低工程费用。

2. 电力工程项目管理的内容

在电力工程项目的决策和实施过程中，由于各阶段的任务与实施主体的不同，从而构成了不同类型的项目管理，由于管理类型的不同，其管理的内容也不尽相同。

（1）业主的项目管理。业主的项目管理是全过程的项目管理，包括项目决策与实施阶段各个环节的管理，也即从项目建议书开始，经过可行性研究、设计和施工，直至项目竣工验收、投产使用的全过程管理。由于项目实施的一次性，使得业主方自行项目管理往往存在着很大的局限性。首先，在技术和管理方面缺乏相应的配套力量；其次，即使是配备健全的管理机构，如果没有持续不断的管理任务也是不经济的。为此项目业主需要专业化、社会化的项目管理单位为其提供项目管理服务。项目管理单位既可以为业主提供全过程的项目管理服务，也可以根据业主需要提供分阶段的项目管理服务。对于需要实施监理的建设工程项目，具有工程监理资质的项目管理单位可以为业主提供项目监理服务，这通常需要业主在委托项目管理任务时一并考虑。当然，工程项目管理单位也可以协助业主将工程项目的监理任务委托给其他具有工程监理资质的单位。

（2）工程总承包方项目管理。在项目设计、施工综合承包或设计、采购和施工综合承包的情况下，业主在项目决策之后，通过招标择优选定总承包单位全面负责工程项目的实施过程，直至最终交付使用功能和质量标准符合合同文件规定的工程项目。由此可见，工程总承包方的项目管理是贯穿于项目实施全过程的全面管理，既包括项目设计阶段，也包括项目施工安装阶段。工程总承包方为了实现其经营方针和目标，必须在合同条件的约束下，依靠自身的技术和管理优势或实力，通过优化设计及施工方案，在规定的时间内，按质、按量全面完成工程项目的承建任务。

（3）设计方项目管理。勘察设计单位承揽到项目勘察设计任务后，需要根据勘察设计合同所界定的工作任务和责任义务，引进先进技术和科研成果，在技术和经济上对项目的实施进行全面而详尽的安排，最终形成设计图纸和说明书，并在项目施工安装过程中参与监督和验收。因此，设计方的项目管理并不仅仅局限于项目的勘察设计阶段，而且要延伸到项目的施工阶段和竣工验收阶段。

（4）施工方项目管理。施工承包单位通过投标承揽到项目施工任务后，无论是施工总承包方还是分包方，均需要根据施工承包合同所界定的工程范围组织项目管理。施工方项目管理的目标体系包括项目施工质量（quality）、成本（cost）、工期（delivery）、安全和现场标准化（safety）、环境保护（environment），简称 QCDSE 目标系统。显然，这一目标系统既与建设工程项目的目标相联系，又具有施工方项目管理的鲜明特征。

3. 电力工程项目管理的任务

电力工程项目管理的主要任务就是在项目可行性研究、投资决策的基础上，对勘察设计、建设准备、物资设备供应、施工及竣工验收等全过程的一系列活动进行规划、协调、监督、控制和总结评价，通过合同管理、组织协调、目标控制、风险管理和信息管理等措施，保证工程项目质量、进度、造价目标得到有效控制。

（1）合同管理。建设工程合同是业主和参与项目实施各主体之间明确责任、权利关系的具有法律效力的协议文件，也是运用市场机制、组织项目实施的基本手段。从某种意义上讲，项目的实施过程就是合同订立与履行的过程。一切合同所赋予的义务、权利履行到位之日，也就是建设工程项目实施完成之时。建设工程合同管理主要是指对各类合同的依法订立过程和履行过程的管理，具体包括合同文本的选择，合同条件的协商、谈判，合同书的签署，合同履行、检查、变更、违约、纠纷的处理，总结评价等。

（2）组织协调。这是管理技能和艺术，也是实现项目目标必不可少的方法和手段。在项目实施过程中，各个项目参与单位需要处理和调整众多复杂的业务组织关系，其主要内容包括外部环境协调，项目参与单位之间的协调，项目参与单位内部的协调。

（3）目标控制。它是项目管理的重要职能，是指项目管理人员在不断变化的动态环境中保证既定计划目标的实现而进行的一系列检查和调整活动。工程项目目标控制的主要任务就是在项目前期策划、勘察设计、物资设备采购、施工、竣工交付等各个阶段采取计划、组织、协调控制等手段，从组织、技术、经济、合同等方面采取措施，确保项目总目标的顺利实现。

（4）风险管理。制约建设工程项目目标实现的因素很多，这些因素的变化存在着不确定性，有许多影响因素相对于工程项目的参与方来说是不可抗拒的。而且随着建设工程项目的大型化和技术的复杂化，业主及其他项目参与方所面临的风险越来越多。为确保建设工程项目的投资效益，降低风险对建设工程项目的影响程度，必须对项目风险进行识别，并在定量分析和系统评价的基础上提出风险对策组合。

（5）信息管理。这是项目目标控制的基础，其主要任务就是准确地向各层级领导、各参加单位及各类人员提供所需的综合程度不同的信息，以便在项目进展的全过程中，动态地进行项目规划，迅速正确地进行各种决策，并及时检查决策执行结果。为了做好信息管理工作，要求：① 建立完善的信息采集制度以收集信息；② 做好信息编目分类和流程设计工作，实现信息的科学检索的传递；③ 充分利用现有信息资源。

（6）环境保护。工程建设可以改善环境、造福人类，设计优秀的工程还可以增添社会景观，给人们带来美的享受。但建设工程项目的实施过程和结果，同时也产生了影响甚至恶化环境的种种因素。因此，应在工程建设中强化环保意识，切实有效地将环境保护和克服损害自然环境、破坏生态平衡、污染空气和水质、扰动周围建筑物和地下管网等现象的发生，作为项目管理的重要任务之一。项目管理者必须充分研究、掌握国家和地区的有关环保法规和规定，对于环保方面有要求的工程项目在可行性研究和决策阶段，必须提出环境影响评价报告，严格按建设程序向环保行政主管部门报批。在项目实施阶段，做到"三同时"，即主体工程与环保措施工程同时设计、同时施工、同时投入运行。

(二) 电力工程目标管理

1.电力工程目标控制原理

（1）控制的基本概念。控制通常是指管理人员按照事先制定的计划与标准，检查和衡量被控对象在实施过程中的状况及所取得的成果，及时发现偏差并采取有效措施纠正所发生的不良偏差，以保证计划目标得以实现的管理活动。实施控制的前提是确定合理的目标和制订科学的计划，继而进行组织设置和人员配备，并实施有效的领导。计划一旦开始执行，就必须进行控制，以检查计划的实施情况。当发现实施过程有偏离时，应分析偏离计划的原因，如果需要应确定将采取的纠正措施，并采取行动。控制是一种动态的管理活动，在采取纠偏措施后，应继续进行实施情况的检查。如此循环，直到建设工程项目目标实现为止。

（2）控制的类型。由于控制方式和方法的不同，控制可分为多种类型，归纳起来有主动控制和被动控制两大类：

① 主动控制。就是预先分析目标偏离的可能性，并拟定和采取各项预防性措施，以使计划目标得以实现。实施主动控制时，可采取以下措施：

第一，详细调查并分析研究外部环境条件，以确定影响目标实现和计划实施的各有利和不利因素，并将这些因素考虑到计划和其他管理职能之中。

第二，识别风险，努力将各种影响目标实现和计划实施的潜在因素揭示出来，为风险分析和管理提供依据，并在计划实施过程中做好风险管理工作。

第三，用科学的方法制订计划。做好计划可行性分析，消除那些造成资源不可行、经济不可行、财力不可行的各种错误和缺陷，保障工程项目的实施能够有足够的时间、空间、人力、物力和财力，并在此基础上力求使计划得到优化。

高质量地做好组织工作，使组织与目标和计划高度一致，把目标控制的任务与管理职能落实到适当机构的人员，做到职责与职权分明，使全体成员能够通力协作，为共同实现目标而努力。

制订必要的备用方案，以应对可能出现的影响目标或计划实现的情况。一旦发生这些情况，因为有应急措施做保障，从而可以减少偏离量，如果理想的话，则能够避免发生偏离。

计划应有适当的松弛度，即"计划应留有余地"。这样，可以避免那些经常发生但又不可避免的干扰因素对计划产生的影响，减少"例外"情况产生的数量，从而使管理人员处于主动地位。

第四，沟通信息流通渠道，加强信息收集、整理和研究工作，为预测工程未来发展状况提供全面、及时、可靠的信息。

② 被动控制。是指当系统按计划运行时，管理人员对计划的实施进行跟踪，将系统输出的信息进行加工、整理，再传递给控制部门，使控制人员从中发现问题，找出偏差，寻求并确定解决问题和纠正偏差的方案，然后再回送给计划实施系统付诸实施，使得计划目标一旦出现偏离就能得以纠正。被动控制是一种十分重要的控制方式，而且是经常采用的控制方式。被动控制可以采取以下措施：

第一，应用现代化管理方法和手段跟踪、测试、检查工程实施过程，发现异常情况，及时采取纠偏措施。

第二，明确项目管理组织过程控制人员的职责，发现情况及时采取措施进行处理。

第三，建立有效的信息反馈系统，及时、准确地反馈偏离计划目标值的情况，以便及时采取措施予以纠正。

2. 电力工程目标控制措施

电力工程目标控制措施通常可以概括分为组织措施、技术措施、经济措施和合同措施。

（1）组织措施。是指从建设工程项目管理的组织方面采取的措施，如实行项目经理责任制，落实工程项目管理的组织机构和人员，明确各级管理人员的任务和职能分工、权利和责任，编制本阶段工程项目实施控制工作计划和详细的工作流程图。组织措施是其他各类措施的前提和保障，而且一般不需要增加什么费用，运用得当可以收到良好的效果。

（2）技术措施。控制在很大程度上要通过技术来解决问题。实施有效控制，如果不对多个可能主要技术方案进行技术可行性分析，不对各种技术数据进行审核、比较，不事先确定设计方案的评选原则，不通过科学试验确定新材料、新工艺、新设备、新结构的适用性，不对各投标文件中的主要技术方案进行必要的论证，不对施工组织设计进行审查，不想方设法在整个项目实施阶段寻求节约投资、保障工期和质量的技术措施，目标控制就会毫无效果可言。使计划能够输出期望的目标不仅需要依靠掌握特定技术的人，还需要采取一系列有效的技术措施，以实现项目目标的有效控制。

（3）经济措施。从项目的提出到项目的实施，始终伴随着资金的筹集和使用。无论是对工程造价实施控制，还是对工程质量、进度实施控制，都离不开经济措施。为了理想地实现工程项目目标，项目管理人员要收集、加工、整理工程经济信息和数据，要对各种实现目标的计划进行资源、经济、财务等方面的可行性分析，要对经常出现的各种设计变更和其他工程变更方案进行技术经济分析（以力求减少对计划目标实现的影响），要对工程概、预算进行审核，要编制资金使用计划，要对工程付款进行审查等。如果项目管理人员在项目管理中忽略或不重视经济措施，不但使工程造价目标难以实现，而且会影响到工程质量和进度目标的实现。

（4）合同措施。工程项目建设需要咨询机构、设计单位、施工单位和设备材料供应等单位共同参与。在市场经济条件下，这些单位要根据与项目业主签署的合同来参与建设工程项目的管理与建设，它们与业主单位形成了合同关系。确定对目标控制有利的承发包模式和合同结构，拟定合同条款，参加合同谈判，处理合同执行中的问题，以及做好防止和处理索赔的工作等，是建设工程目标控制的重要手段。

第二节　电力工程项目建设程序

一、电力工程项目建设程序的概念

电力工程项目建设程序是指电力建设项目从策划、评估、决策、设计、施工到竣工验收、投入生产或交付使用的整个建设过程中，各项工作必须遵循的先后工作次序。各个阶段的工作之间存在着严格的先后次序，前后工作不得任意颠倒，但可以进行合理的交叉。工程项目建设程序是工程建设过程的客观反映，是建设项目科学决策和顺利进行的重要保证。

二、电力工程项目建设程序的内容

电力工程项目建设程序根据多年来电力基本建设的实践经验而定，通常可划分为三个阶段、九个主要步骤。第一阶段是前期工作阶段，从项目提出到开工兴建；第二阶段是施工阶段，从工程开工到设备安装结束；第三阶段是调试、运行、竣工验收、移交生产及项目后评价。九个主要步骤如下：

（1）初步可行性研究。

（2）提交核准报告。

（3）可行性研究（设计任务书）。

（4）初步设计和施工图设计。

（5）施工准备。

（6）施工、建筑安装。

（7）启动调试。

（8）试生产和竣工验收。

（9）项目后评价。

三、电力工程项目建设的主要工作

（一）可行性研究

可行性研究是在工程项目投资决策前，对与项目有关的社会、经济和技术等各方面的情况进行深入细致的调查研究；对各种可能拟定的建设方案和技术方案进行认真的技术经济分析、比较和论证；对项目建成后的经济效益进行科学的预测和评价，并在此基础上，综合研究建设项目的技术先进性和适用性、经济合理性以及建设的可能性和可行性。由此确定该项目是否应该投资和如何投资等结论性意见，为决策部门最终决策提供科学的、可靠的依据，并作为开展下一步工作的基础。在对电力工程项目进行可行性研究时，要对该项目做出投资估算，同时还要对该项目投资进行经济性评价。

可行性研究是进行工程建设的首要环节，是决定投资项目命运的关键。可行性研究一般应回答的问题概括起来有三个范畴，即工艺技术、市场需求、财务经济状况。其中，市场需求是前提，工艺技术是手段，财务经济状况是核心。

(二) 勘察设计

勘察设计是为了查明工程建设场地的地形地貌、地质构造、水文地质和各种自然现象所进行的调查、测量、观察、试验工作。设计是工程建设的灵魂和龙头，是对建设项目在技术和经济上进行的详细规划和全面安排。根据批准的设计任务书编制设计文件，一般按初步设计、施工图设计两个阶段进行，技术复杂的项目，可增加技术设计阶段。施工图设计根据批准的初步设计编制，其深度应能满足建设材料的采购、非标准设备的加工、建筑安装工程施工的需要和施工预算的编制。设计应采用和推广标准化。勘察设计工作完成后，施工单位可根据勘察设计结果等因素编制施工方案，各相关方可根据初步设计或施工图设计编制设计概算、施工图预算或投资控制指标。

(三) 招投标

招投标是发展市场经济，适应竞争需要的一种经济行为。招投标必须贯彻公开、公平、公正和诚实信用的原则，可适用于电力建设工程项目中的设计、设备材料供应、施工等任何阶段的工作。

招投标在现阶段是进行工程发、承包的主要方式，是签订各类工程合同的主要环节。通过招投标方式形成的合同，是工程建设各相关方履行自己的义务、保障自己权利的基本依据。

(四) 建设监理

建设监理是指专职监理单位受业主委托对建设工程项目进行以控制投资、进度和保证质量为核心的监督与管理的一种方式。建设监理是深化电力基建改革，建立和发展社会主义市场经济并与国际接轨的需要，也是电力基本建设迅速发展的需要。建设监理的依据是国家和电力行业主管部门有关的方针、政策、法规、标准、规定、定额和经过批准的建设计划、设计文件和经济合同。

监理单位是自主经营、独立核算、自负盈亏的企业，必须具有法人资格，经有关主管部门资质认证、审批、核定监理业务范围，发给资质证书后方可承担监理业务。委托方必须与监理单位签订监理委托合同。发电工程项目的建设监理实行总监理工程师负责制，总监理工程师和专业监理工程师应经有关主管部门资质认证、审批资格、注册颁证，持证上岗。

建设监理业务可以分阶段监理，也可全过程监理，或按工程项目分类监理。

(五) 投融资

电力工程项目都是投资项目，在其进行投资之前必须先进行融资。在融资时，应考虑选择经济的资金渠道和合理的资金结构，使得投资项目的资金成本能够控制在一个令人满意的水平下，从而保证项目的经济性。我国基本建设投资来源主要有四条渠道，即国家预算拨款，建设银行贷款，各地区、各部门、各企业单位的自筹资金，利用外资。改革开放以来，我国投资体制实施了一系列改革，在投资领域形成了投资主体多元化、投资资金多渠道、项目决策分层次、投资方式多样化和建设实施引入市场竞争机制的新格局。

电力工业是资金密集型行业，20世纪80年代以来，我国改变了独家办电的方针，实行集资办电厂，电网由国家统一建设、统一管理的原则，采取多家办电、集资办电、征收电力建设基金、利用外资办电等政策，为建立新的投融资体系奠定了基础。单一由中央政府投资的主体格局已完全改变，各级地方政府及国有企业、集体企业已逐步成为直接投资的重要主体，逐步建立"谁投资、谁决策、谁受益、谁承担投资风险"的机制。目前，中央与地方、地方与地方、政府与企业、企业与企业之间的联合投资，以及中外合资、合作建设项目已十分普遍。电力投融资体制可充分调动各方办电的积极性，以最大限度多方筹集电力建设资金，增加电力投入。因此，各电力集团公司要加强和充实投融资中心功能，充分发挥财务公司在投融资方面的作用。

(六) 施工准备

施工准备是基本建设程序中的一项重要内容，是建筑施工管理的一个重要组成部分，是组织施工的前提，更是顺利完成建筑工程任务的关键。施工准备按工程项目施工准备工作的范围可分为全场性、单位工程和分部 (项) 工程作业条件准备等三种。全场性施工准备指的是大中型工业建设项目、大型公共建筑或民用建筑群等带有全局性的部署，包括技术、组织、物资、劳力和现场准备，是各项准备工作的基础。单位工程施工准备是全场性施工准备的继续和具体化，要求做得细致，预见到施工中可能出现的各种问题，能确保单位工程均衡、连续和科学合理地施工。

施工准备按拟建工程所处的施工阶段可分为开工前的施工准备和各施工阶段前的施工准备。开工前的施工准备是在拟建工程正式开工之前所进行的一切施工准备工作，其目的是为拟建工程正式开工创造必要的施工条件。它既可能是全场性的施工准备，又可能是单位工程施工条件的准备。各施工阶段前的施工准备是在拟建工程开工之后，每个施工阶段正式开工之前所进行的一切施工准备工作，其目的是为施工阶段正式开工创造必要的施工条件。

施工准备工作的基本任务就是调查研究各种有关工程施工的原始资料、施工条件及业主要求，全面合理地部署施工力量，从计划、技术物资、资金、劳力、设备、组织、现场及外部施工环境等方面为拟建工程的顺利施工建立一切必要的条件，并对施工中可能发生的各种变化做好应变准备。

(七) 施工、建筑安装

施工是基本建设的主要阶段，是把计划文件和设计图纸付诸实施的过程，是建筑安装施工合同的履行过程。在该阶段，一方面承包商应按照合同的要求全面完成施工任务；另一方面，发包人也应按照合同约定向承包人支付工程款。工程价款的结算方式与结算时间，对于工程的发包与承包方的经济利益有一定的影响。在施工阶段应尽量避免出现大的工程变更，也不要频繁地出现一般的工程变更，因为那样会对工程造价的控制带来极大的困难。

对施工的基本要求是保证安全、质量、文明施工，保证建设工期，并不断降低成本，提高经济效益。施工是工程优化的核心，起着承前启后的作用。设计、设备的缺陷，要通过施工来纠正和处理，而调试启动能否顺利进行，要看施工质量是否切实保证。施工质量是重中之重，必须坚决贯彻相关标准。

（八）启动调试

启动调试是电力建设工程的关键阶段和重要环节。启动调试是一个独立的阶段，由各方代表组成的启动验收委员会负责领导，由业主指定启动调试总指挥，从分部试运开始工作，一直到试生产结束。由调试单位负责人具体负责试运指挥。

（九）竣工验收

工程竣工验收是工程施工（建设）的最后一个环节，是全面考核施工（建设）质量，确认能否投入使用的重要步骤。工程竣工验收将从整体观念出发，对每一分部分项工程的质量、性能、功能、安全各方面进行认真、全面、可靠的检查，尽可能不给今后的使用留下任何质量或安全隐患。由于电力建设工程涉及的各种电气设备众多，在正式竣工验收前，还要经历试运行阶段。在竣工验收阶段，涉及工程方、承包方之间的工程价款竣工结算和发包人的工程竣工决算。

（十）项目后评价阶段

项目后评价是工程项目竣工投产、生产运营一段时间（一般为一年）后，再对项目的立项决策、设计施工、竣工投产、生产运营等全过程进行系统评价的一种技术经济基础活动，是固定资产投资管理的一项重要内容，也是固定资产投资管理的最后一个环节。通过项目后评价，可以达到肯定成绩、总结经验、研究问题、吸取教训、提出建议、改进工作、不断提高项目投资决策水平和投资经济效果的目的。项目后评价的内容包括立项决策评价、设计施工评价、生产运营评价和建设效益评价。

第三节　电力工程项目管理组织原理

项目是一种被承办的旨在创造某种独特产品或服务的临时性努力，或者说包括人在内的一切资源聚合在一起是为了完成项目独特的目标。如果把电力建设项目视为一个系统，如苏州华能二期火电建设项目、广州抽水蓄能电站项目、小浪底枢纽工程建设项目等，其建设目标能否实现无疑有诸多的影响因素，其中组织因素是决定性的因素。电力工程项目管理组织包括项目组织和参与各方的组织两种，其中项目组织是基础。

一、电力工程项目组织的概念及特点

(一) 电力工程项目组织的概念

"组织" 一词一般有两个意义：其一是 "组织工作"，表示对一个过程的组织，对行为的筹划、安排、协调、控制和检查，如组织一次会议，组织一次活动；其二为结构性组织，是人们 (单位、部门) 为某种目的以某种规则形成的职务结构或职位结构，如项目组织、企业组织。

按照《质量管理 – 项目管理质量指南》(GB/T19016–2021)，项目组织是指从事项目具体工作的组织。电力工程项目组织是指为完成特定的电力工程项目任务而建立起来的，从事电力工程项目具体工作的组织。它是由主要负责完成电力工程项目分解结构图中的各项工作任务的个人、单位、部门组合起来的群体，包括业主、电力工程项目管理单位 (咨询公司、监理单位)、设计单位、施工单位、材料及设备供应单位等，有时还包括为电力工程项目提供服务的政府部门或与电力工程项目有某些关系的部门，如电力工程项目质量监督部门、质量监测机构、鉴定部门等。

电力工程项目组织是为完成一次性、独特性的电力工程项目任务设立的，是一种临时性的组织，在电力工程项目结束以后项目组织的生命就终结了。

(二) 电力工程项目组织的特点

电力工程项目组织不同于一般的企业组织、社团组织和军队组织，它具有自身的特殊性，这个特殊性是由电力工程项目的特点决定的。主要表现为以下特征：

1. 目的性

电力工程项目组织是为了完成电力工程项目的总目标和总任务而设置的，项目的总目标和总任务是决定电力工程项目组织结构和组织运行的最重要的因素。电力工程项目建设的各参与方来自不同的企业或部门，它们各自有独立的经济利益和权力，各自有不同的目标，它们都是为了完成自己的目标而承担一定范围的电力工程项目任务，从而保证项目总目标的实现。

2. 一次性

电力工程项目建设是一次性任务，为了完成电力工程项目特定的目标和任务而建立起来的电力工程项目组织也具有一次性。电力工程项目结束或相应项目任务完成后，电力工程项目组织就解散或重新组成其他项目组织。

3. 项目组织具有柔性

项目组织是柔性组织，具有高度的弹性、可变性。项目组织中的成员随着项目任务的承接和完成，以及项目的实施过程进入或退出项目组织，或承担不同的角色，因此，项目的组织随着项目的不同实施阶段而变化。

4. 电力工程项目组织与企业组织之间存在复杂的关系

电力工程项目的组织成员是由各参与企业委托授权的机构组成，项目组织成员既是本项目组织成员，又是原所属企业中的成员，所以无论是企业内的项目，还是由多企业合作进行的电力工程项目，企业与电力工程项目组织之间都存在复杂的关系。

企业组织是现存的，是长期稳定的组织，电力工程项目组织依附于企业组织。企业组织对电力工程项目组织影响很大，企业的战略、运行方式、企业文化、责任体系、运行和管理机制、承包方式、分配方式会直接影响到电力工程项目组织效率。从管理方面看，企业是电力工程项目组织的外部环境，电力工程项目管理人员来自企业；电力工程项目组织解体后，其人员返回企业。对于多企业合作进行的电力工程项目，虽然电力工程项目组织不是由一个企业组建，但是它依附于该项目所涉及的企业，受到这些企业的影响。

5.电力工程项目分解结构制约电力项目的组织结构

通过电力工程项目分解结构得到的所有单元，都必须落实到具体的承担者，所以，电力工程项目的组织结构受到电力工程项目分解结构的制约，后者决定了项目组织成员在组织中所应承担的工作任务，决定了组织结构的基本形态。项目组织成员在项目组织中的地位，不是由它的企业规模、级别或所属关系决定的，而是由它从电力工程项目分解结构中分解得到的工作任务所决定的。

二、电力工程项目组织设计

电力工程项目组织设计是一项复杂的工作，因为影响电力工程项目的因素多、变化快，导致项目组织设计的难度大，因此，在进行电力工程项目组织设计工作的过程中，应从多方面进行考虑。

首先，从项目环境的层次来分析，电力工程项目组织设计必须考虑有一些与项目利益相关者的关系是项目经理所不能改变的，如贷款协议、合资协议等。

其次，从项目管理组织的层次来分析，对于成功的项目管理来说，以下三点是至关重要的：① 项目经理的授权和定位问题，即项目经理在企业组织中的地位和被授予的权力如何；② 项目经理和其他控制项目资源的职能经理之间具有良好的工作关系；③ 一些职能部门的人员，如果也为项目服务时，既要纵向地向职能经理汇报，同时也能横向地向各项目经理汇报。

(一) 电力工程项目组织设计依据

1.电力工程项目组织的目标

电力工程项目组织是为达到电力工程项目目标而有意设计的系统，电力工程项目组织的目标实际上就是要实现电力工程项目的目标，即投资、进度和质量目标。为了形成一个科学合理的电力工程项目组织设计，应尽量使电力工程项目组织目标贴合项目目标。

2.电力工程项目分解结构

电力工程项目分解结构是为了将电力工程项目分解成可以管理和控制的工作单元，从而能够更为容易也更为准确地确定这些单元的成本和进度，同时明确定义其质量的要求。更进一步讲，每一个工作单元都是项目的具体目标"任务"，它包括五个方面的要素：

（1）工作任务的过程或内容。

（2）工作任务的承担者。

（3）工作的对象。

（4）完成工作任务所需的时间。

（5）完成工作任务所需的资源。

（二）电力工程项目组织设计原则

在进行电力工程项目组织设计的时候，要参照传统的组织设计原则，并结合电力工程项目组织自身的特点。通过对每个组织的使命、目标、资源条件和所处环境的特点进行分析，结合一个组织的工作部门、工作部门的等级，以及管理层次和管理幅度设计，根据各个工作部门之间内在关系的不同，构建适合该电力工程项目组织。具体应遵循以下原则：

1.目的性原则

建设电力工程项目组织机构设置的根本目的是产生高效的组织功能，实现电力工程项目管理总目标。从这一根本目标出发，就要求因目标而设定工作任务，因工作任务设定工作岗位，按编制设定岗位人员，以职责定制度和授予权力。

2.专业化分工与协作统一的原则

分工就是为了提高电力工程项目管理的工作效率，把为实现电力工程项目目标所必须做的工作，按照专业化的要求分派给各个部门以及部门中的每个人，明确他们的工作目标、任务及工作方法。分工要严密，每项工作都要有人负责，每个人负责其所熟悉的工作，这样才能提高效率。

3.管理跨度和分层统一的原则

进行电力工程项目组织结构设置时，必须考虑适中的管理跨度，要在管理跨度与管理层次之间进行权衡。管理跨度是指一个主管直接管理下属人员的数量，受单位主管直接有效地指挥、监督部署的能力限制。跨度大，管理人员的接触关系增多，处理人与人之间关系的数量随之增大。最适当的管理跨度设计并无一定的法则，一般是 3 ~ 15 人；高阶层管理跨距约 3 ~ 6 人，中阶层管理跨距约 5 ~ 9 人，低阶层管理跨距约 7 ~ 15 人。

设定管理跨度时，主要考虑的要素有人员素质、沟通渠道、职务内容、幕僚运用、追踪控制、组织文化、所辖地域等。在电力组织机构设计时，必须强调跨度适当。跨度的大小又和分层多少有关。一般来说，管理层次增多，跨度会小；反之，管理层次少，跨度会大。这就要根据领导者的能力和建设项目规模大小、复杂程度、组织群体的凝聚力等因素去综合考虑。

4. 弹性和流动的原则

电力工程项目的单一性、流动性、阶段性是其生产活动的主要特点，这些特点必然会导致生产对象在数量、质量和地点上有所不同，带来资源配置上品种和数量的变化。这就强烈需要管理工作人员及其工作和管理组织机构随之进行相应调整，以使组织机构适应生产的变化，即要求按弹性和流动的原则进行电力工程项目组织设计。

5. 统一指挥原则

电力工程项目是一个开放的系统，由许多子系统组成，各子系统间存在着大量的接合部。这就要求电力工程项目组织也必须是一个完整的组织机构系统，科学合理地分层和设置部门，以便形成互相制约、互相联系的有机整体，防止结合部位上职能分工、权限划分和信息沟通等方面的相互矛盾或重叠，避免多头领导、多头指挥和无人负责现象的发生。

(三) 电力工程项目组织设计的内容

1. 组织结构设计

在电力工程项目系统中，最为重要的就是所有电力工程项目有关方及其为实现项目目标所进行的活动。因此，电力工程项目组织设计的主要内容就包括电力工程项目系统内的组织结构和工作流程的设计。

电力工程项目的组织结构主要是指电力工程项目是如何组成的，电力工程项目各组成部分之间由于其内在的技术或组织联系而构成一个项目系统。影响组织结构的因素很多，其内部和外部的各种变化因素发生变化，会引起组织结构形式的变化，但是主要还是取决于生产力的水平和技术的进步。组织结构的设置还受组织规模的影响，组织规模越大、专业化程度越高，分权程度也越高。组织所采取的战略不同，组织结构的模式也会不同，组织战略的改变必然会导致组织结构模式的改变；组织结构还会受到组织环境等因素的影响。

2. 组织分工设计

组织分工是指根据电力项目的目标和任务，先进行工作分解得到工作分解结构（Work Breakdown Structure，WBS），然后根据分解出来的工作确定相应的组织分解结构（Organizational Breakdown Structur，OBS）。POBS 是高层分解结构，是业主或总承包 AE 的组织分解结构，是为项目专设的。COBS 是项目任务承担单位的常设或专设组织的分解结构。OBS 内部单元间有隶属关系或并列关系。OBS 也是一个完整的树状结构，它与项目的工作分解结构 WBS 相对应。项目中的每一项任务都有相应的组织来负责完成。通过项目的组织分解结构明确任务的执行者，明确各级的责任分工。组织分工包括对工作管理任务分工和管理职能分工。管理职能分工是通过对管理者管理任务的划分，明确其管理过程中的责权意识，有利于形成高效精干的组织机构。管理任务分工是项目组织设计文件的一个重要组成部分，在进行管理任务分工前，应结合项目的特点，对项目实施的各阶段费用控制、进度控制、质量控制、信息管理和组织协调等管理任务进行分解，以充分掌握项目各部分细节信息，同时有利于在项目进展过程中的结构调整。

3. 组织流程设计

组织流程主要包括管理工作流程、信息流程和物质流程。管理工作流程主要是指对一些具体的工作如设计工作、施工作业等的管理流程。信息流程是指在组织信息在组织内部传递的过程。信息流程的设计，就是将项目系统内各工作单元和组织单元的信息渠道，其内部流动着的各种业务信息、目标信息和逻辑关系等作为对象，确定在项目组织内的信息流动方向、交流渠道的组成和信息流动的层次。在进行组织流程设计的过程中，应明确设计重点，并且要附有流程图。流程图应按需要逐层细化，如投资控制流程可按建设程序细化为初步设计阶段投资控制流程图和施工阶段投资控制流程图等。按照不同的参建方，其各自的组织流程也不同。

(四) 电力工程项目管理组织部门划分的基本方法

电力工程项目管理组织部门划分的实质是根据不同的标准, 对电力项目管理活动或任务进行专业化分工, 从而将整个项目组织分解成若干个相互依存的基本管理单位——部门。不同的管理人员安排在不同的管理岗位和部门中, 通过他们在特定环境、特定相互关系中的管理作业使整个项目管理系统有机地运转起来。

分工的标准不同, 所形成的管理部门以及各部门之间的相互关系也不同。组织设计中, 通常运用的部门划分标准或基本方法有按职能划分和按项目结构划分。

1. 按管理职能划分部门

按职能划分部门是一种传统的、为许多组织所广泛采用的划分方法。这种方法是根据生产专业化的原则, 以工作或任务的相似性来划分部门的。这些部门可以被分为基本的职能部门和派生的职能部门。对于企业组织而言, 通常认为那些直接创造价值的专业活动所形成的部门为基本的职能部门, 如开发、生产、销售和财务等部门, 其他的一些保证生产经营顺利进行的辅助或派生部门有人事、公共关系、法律事务等部门。对项目组织而言, 根据项目管理任务的性质, 按照职能通常可划分为征地拆迁部门、土建工程部门、机电工程部门、物资采购部门、合同管理部门、财务部门等基本职能部门, 以及行政后勤、人力资源管理等辅助职能部门。

按职能划分部门的优点在于: 遵循分工和专业化的原则, 有利于人力资源的有效利用和充分发挥专业职能, 使主管人员的精力集中在组织的基本任务上, 从而有利于目标的实现; 简化了培训工作。其缺点在于: 各部门负责人长期只从事某种专门业务的管理, 缺乏整体和全局观念, 就不可避免地会从部门本位主义的角度考虑问题, 从而增加了部门间协调配合的难度。

2. 按项目结构划分部门

对于某些大型工程枢纽或项目群而言, 各个单项工程 (单位工程), 或由于地理位置分散, 或由于施工工艺差异较大, 或由于工程量太大, 以及工程进度又比较紧张, 常要分成若干个标段分别进行招标, 此时为便于项目管理, 组织部门可能会按照项目结构划分。

按项目结构划分部门的优点在于：有利于各个标段合同工程目标的实现；有利于管理人才的培养。其缺点在于：可能需要较多的具有像总经理或项目经理那样能力的人去管理各个部门；各部门主管也可能从部门本位主义考虑问题，从而影响项目的统一指挥。

三、电力工程项目组织结构的形式

不论是业主的项目管理、设计单位的项目管理、监理的项目管理，还是承包商的项目管理，均需建立一个科学的管理组织机构，这是实施项目管理的基础。项目组织规划设计（Organizational Planning）的目的是在一定的要求和条件下，制定出一个能实现项目目标的理想的管理组织机构，并根据项目管理的要求，确定各部门职责及各职位间的关系。

由于目标、资源和环境差异，找出理想的组织形式是很困难的。每一种组织形式有各自的优缺点和适合场合。因此，在进行电力工程项目组织设计时，要具体问题具体分析，选择恰当的组织结构形式。随着社会生产力水平的提高和科学技术的发展，还将产生新的结构。在这里仅介绍几种典型的基本形式：

（一）直线式组织结构

直线式组织（Line Organization）结构是一种线性组织机构，它的本质就是使命令线性化，即每一个工作部门、每一个工作人员都只有一个上级。直线式组织结构具有结构简单、职责分明、指挥灵活等优点；缺点是项目负责人的责任重大，往往要求其是全能式的人物。为了加快命令传递的过程，直线式组织系统就要求组织结构的层次不要过多，否则会妨碍信息的有效沟通。因此，合理地减少层次是直线制组织系统的一个前提。同时，在直线式组织系统中，根据理论和实践，一般不宜设副职，或少设副职，这有利于线性系统有效地运行。

（二）职能式组织结构

职能式组织（Functional Organization）结构的特点是强调管理职能的专业化，即将管理职能授权给不同的专门部门，这有利于发挥专业人才的作用，有利于专业人才的培养和技术水平的提高，这也是管理专业化分工的结果。然而，职能型组织系统存在着命令系统多元化，各个工作部门界限也不易分清，发生矛盾时协调工作量较大。

采用职能式组织结构的企业在进行项目工作时，各职能部门根据项目的需要承担本职能范围内的工作。或者说企业主管根据项目任务需要从各职能部门抽调人员及其他资源组成项目实施组织，如要开发新产品就可能从设计、营销及生产部门各抽一定数量人员组成开发小组。但是，这样的项目实施组织界限并不十分明确，小组成员需完成项目中的本职职能任务，但他们并不脱离原来的职能部门，项目实施工作多属于兼职工作性质。这种项目实施组织的另一特点是没有明确的项目主管或项目经理，项目中各种协调职能只能由职能部门的部门主管或经理来完成。

职能式组织结构的主要优点是有利于企业技术水平提升，资源利用的灵活性与低成本，有利于从整体协调企业活动；主要缺点是协调的难度大，项目组成员责任淡化。

(三) 直线 - 职能式组织结构

直线 - 职能式组织结构（Line-Functional Organization）吸收了直线式和职能式的优点，并形成了它自身具有的优点。它把管理机构和管理人员分为两类：一类是直线主管，即直线式的指挥结构和主管人员，他们只接受一个上级主管的命令和指挥，并对下级组织发布命令和进行指挥，而且对该单位的工作全面负责；另一类是职能参谋，即职能式的职能结构和参谋人员。他们只能给同级主管充当参谋、助手，提出建议或提供咨询。这种结构的优点是：既能保持指挥统一，命令一致，又能发挥专业人员的作用；管理组织系统比较完整，隶属关系分明；重大方案的设计等有专人负责；能在一定程度上发挥专长，提高管理效率。其缺点是管理人员多，管理费用大。

(四) 项目式组织结构

项目式组织结构是按项目来划归所有资源，即每个项目有完成项目任务所必需的所有资源。项目实施组织有明确的项目经理（项目负责人），对上直接接受企业主管或大项目经理领导，对下负责本项目资源运作，以完成项目任务。每个项目组之间相对独立。

项目式组织结构的优点是：目标明确，统一指挥；有利于项目控制；有利于全面型人才的成长。其缺点是：易造成结构重复及资源的闲置；不利于企业专业技术水平提高；具有不稳定性。

（五）矩阵式组织结构

矩阵式组织结构和项目式组织结构各有其优缺点，而职能式组织结构的优点与缺点正好对应项目式组织结构的缺点与优点。矩阵式组织结构就能较好地弥补这两种组织结构的不足。其特点是将按照职能划分的纵向部门与按照项目划分的横向部门结合起来，以构成类似矩阵的管理系统。

在矩阵式组织中，项目经理在项目活动的内容和时间上对职能部门行使权力，各职能部门负责人决定"如何"支持，项目经理直接向高层管理负责，并由高层管理授权。职能部门只能对各种资源做出合理的分配和有效的控制调度。

矩阵式组织结构是第二次世界大战后首先在美国出现的，它是为适应在一个组织内同时有几个项目需要完成，而每个项目又需要有不同专长的人在一起工作才能完成这一特殊的要求而产生的。

矩阵式组织结构的优点表现在：

（1）沟通良好。它解决了传统模式中企业组织和项目组织相互矛盾的状况，把职能原则与对象原则融为一体，求得了企业长期例行性管理和项目一次性管理的统一。

（2）能实现高效管理。能以尽可能少的人力，实现多个项目（或多项任务）的高效管理。因为通过职能部门的协调，可根据项目的需求配置人才，防止人才短缺或无所事事，项目组织因此就有较好的弹性和应变能力。

（3）有利于人才的全面培养。不同知识背景的人员在一个项目上合作，可以使他们在知识结构上取长补短、拓宽知识面，提高解决问题的能力。

矩阵式组织结构的缺点表现在：

（1）双重领导削弱项目的组织作用。由于人员来自职能部门，且仍受职能部门控制，这样就影响了他们在项目上积极性的发挥，项目的组织作用大为削弱。

（2）双重领导造成矛盾。

项目上的工作人员既要接受项目上的指挥，又要受到原职能部门的领导，当项目和职能部门发生矛盾时，当事人就难以适从。要防止这一问题的产生，必须加强项目和职能部门的沟通，还要有严格的规章制度和详细的计划，使工作人员尽可能明确干什么和如何干。

（3）管理人员若管理多个项目，往往难以确定管理项目的先后顺序，有时难免会顾此失彼。

四、电力工程项目组织结构的选择

在电力工程项目管理时，电力工程项目组织结构形式没有固定的模式，一般视项目规模大小、技术复杂程度、环境情况而定。大修、定检、小型技改，工作负责人就可兼职项目协调员，可不单独设项目经理。较大的大修、技改、扩建、新建项目就设立专门的组织机构，并配置相应的专职人员。

电力工程项目组织结构的选择就是要决定电力工程项目实现与企业日常工作的关系问题。即使对有经验的专业人士来说也非容易之事，前面虽然介绍了五种可选择的电力项目组织结构形式，很难说哪一种最好、哪一种最优，因为一是难于确定衡量选择标准，二是影响项目成功的因素很多，采用同一组织结构，结果可能截然不同。

(一) 电力工程项目组织结构形式选择的影响因素

（1）工程项目影响因素的不确定性。

（2）技术的难易和复杂程度。

（3）工程的规模和建设工期的长短。

（4）工程建设的外部条件。

（5）工程内部的依赖性等。

(二) 电力工程项目组织结构形式选择的基本方法

（1）当项目较简单时，选择直线型组织结构形式可能比较合适。

（2）当项目的技术要求较高时，采用智能型组织结构形式会有较好的适应性。

（3）当公司要管理数量较多的类似项目，或复杂的大型项目分解为多个子项目进行管理时，采用矩阵式组织结构会有较好的效果。

在选择电力工程项目的组织结构时，首先是确定将要完成的工作的种类。这一要求最好根据项目的初步目标来完成；其次，确定实现每个目标的主要任务；再次，要把工作分解成一些"工作集合"；最后可以考虑哪些个人和子系统应被包括在项目内，附带还要考虑每个人的工作内容、个性和技术要求，以及所要面对的客户。上级组织的内外环境是一个应受重视的因素。在了解了各种组织结构和它们的优缺点之后，公司就可以选择能实现最有效工作的组织结构形式了。

（三）选择项目组织结构形式的程序

（1）定义项目：描述项目目标，即所要求的主要输出。

（2）确定实现目标的关键任务，并确定上级组织中负责这些任务的职能部门。

（3）安排关键任务的先后顺序，并将其分解为工作集合。

（4）确定为完成工作集合的项目子系统及子系统间的联系。

（5）列出项目的特点或假定，例如，要求的技术水平、项目规模和工期的长短，项目人员可能出现的问题，涉及的不同职能部门之间可能出现的政策上的问题和其他任何有关事项，包括上级部门组织项目的经验。

（6）根据以上考虑，并结合对各种组织形式特点的认识，选择一种组织形式。

（四）职能式、项目式和矩阵式的比较

正如人们所说的，管理是科学也是艺术，而艺术性正体现在灵活恰当地将管理理论应用于管理实践中去。由于项目的内外环境复杂性及每种组织形式的优劣，使得几乎没有普遍接受、步骤明确的方法来告诉人们如何决定组织结构。具体采用何种组织结构只能说是项目管理者知识、经验及直觉等的综合结果。比如职能式、项目式和矩阵式，各有各的优点和缺点。

其实，这三种组织形式之间有内在的联系：职能式在一端，项目式在另一端，矩阵式是介于职能式和项目式之间的结构形式。随着某种组织结构工

作人员人数在项目团队中所占比重的增加，该种组织结构的特点也渐趋明显；反之，则相反。

不同的项目组织结构形式对项目实施的影响不同。在具体的项目实践中，究竟选择何种项目组织结构形式没有一个可循的公式，一般在充分考虑各种组织结构的特点、企业特点、项目特点和项目所处的环境等因素的条件下，才能做出较为适当的选择。在选择项目组织形式时，需要了解哪些因素制约了项目组织形式的选择。

一般来说，职能式组织结构较适用于规模较小、偏重于技术的项目，不适用于环境变化较大的项目。由于环境的变化需要各职能部门间的紧密配合，而职能部门本身存在的权责界定成为部门间不可逾越的障碍。当一个公司中包括许多相似的工程项目或项目的规模较大、技术复杂时，则应选择项目式的组织结构。与职能式相比，在面对不稳定的环境时，项目式组织显示出了自己潜在的长处，这主要是项目团队的整体性和各类人才的紧密合作。同前两种组织形式相比，矩阵式组织形式在充分利用企业资源上显示出了巨大的优越性，其融合了两种结构的优点，在进行技术复杂、规模巨大的项目管理时呈现出了明显的优势。

第四节　电力工程项目管理组织形式

电力工程项目管理组织主要是由完成电力工程项目管理工作的人、单位、部门组织起来的群体。通常业主、承包商、设计单位、供应商都有自己的项目管理组织。所以电力工程项目管理组织是分具体对象的，如业主的电力工程项目管理组织、项目管理公司的电力工程项目管理组织、承包商的电力工程项目管理组织，这些组织之间有各种联系，有各种管理工作、责任和任务划分，形成项目总体的管理组织系统。

电力工程项目管理组织形式也称电力工程项目管理方式、项目发包方式，是指电力工程项目建设参与方之间的生产关系，包括有关各方之间的经济法律关系和工作（或协作）关系。电力工程项目管理组织形式的选择决定于电力工程项目的特点、业主/项目法人的管理能力和工程建设条件等方面。目前，国内外已形成多种工程项目管理方式，这些管理方式还在不断地得到创新和完善。下面介绍几种国内外常用的工程项目管理方式：

一、设计－招标－建造方式

设计－招标－建造方式（Design–Bid–Build，DBB）这种工程项目管理方式在国际上最为通用，世界银行、亚洲开发银行（Asian Development Bank，ADB）贷款项目和采用国际咨询工程师联合会（Fédération Internationale Des Ingénieurs Conseils，FIDIC）合同条件的国际工程项目均采用这种模式。在这种方式中，业主委托建筑师（Architect）/ 咨询工程师（The Engineer 或 Consultant）进行前期的各项工作，如投资机会研究、可行性研究等，待项目评估立项后再进行设计，业主分别与建筑师 / 咨询工程师签订专业的服务合同。在设计阶段的后期进行施工招标的准备，随后通过招标选择施工承包商，业主与承包商签订施工合同。在这种方式中，施工承包又可分为总包和分项直接承包。

(一) 施工总包

施工总包（General Contract，GC）是一种国际上最早出现，也是目前广泛采用的工程项目承包方式。它由项目业主、监理工程师（The Engineer 或 Supervision Engineer）、总承包商（General Contractor）三个经济上独立的单位共同来完成工程的建设任务。

在这种项目管理方式下，业主首先委托咨询、设计单位进行可行性研究和工程设计，并交付整个项目的施工详图，然后业主组织施工招标，最终选定一个施工总承包商，与其签订施工总包合同。在施工招标之前，业主要委托咨询单位编制招标文件，组织招标、评标，协助业主定标签约，在工程施工过程中，监理工程师严格监督施工总承包商履行合同。业主与监理单位签订委托监理合同。

在施工总包中，业主只选择一个总承包商，要求总承包商用本身力量承担其中的主体工程或其中一部分工程的施工任务。经业主同意，总承包商可以把一部分专业工程或子项工程分包给分包商（Sub-Contractor）。总承包商向业主承担整个工程的施工责任，并接受监理工程师的监督管理。分包商和总承包商签订分包合同，与业主没有直接的经济关系。总承包商除组织好自身承担的施工任务外，还要负责协调各分包商的施工活动，起总协调和总监督的作用。

随着现代建设项目规模的扩大和技术复杂程度的提高，对施工组织、施工技术和施工管理的要求也越来越高。为适应这种局面，一种管理型、智力密集型的施工总承包企业应运而生。这种总承包商在承包的施工项目中自己承担的任务越来越少，而将其中大部分甚至全部施工任务分包给专业化程度高、装备好、技术精的专业型或劳务型的承包商，其自身主要从事施工中的协调和管理。

施工总包项目管理方式具有下列特点：

（1）施工合同单一，业主的协调管理工作量小。业主只与施工总包商签订一个施工总包合同，施工总包商全面负责协调现场施工，业主的合同管理、协调工作量小。

（2）建设周期长。施工总包是一种传统的发包方式，按照设计－招标－施工循序渐进的方式组织工程建设，即业主在施工图设计全部完成后组织整个项目的施工发包，然后，中标的施工总包商组织进点施工。这种顺序作业的生产组织方式，工期较长，对工业工程项目，不利于新产品提前进入市场，易失去竞争优势。

（3）设计与施工互相脱节，设计变更多。工程项目的设计和施工先后由不同的单位负责实施，沟通困难，设计时很少考虑施工采用的技术、方法、工艺和降低成本的措施，工程施工阶段的设计变更多，不利于业主的投资控制和合同管理。

（4）对设计深度要求高。要求施工详图设计全部完成，能正确计算工程量和投标报价。

（二）分项直接承包

分项直接承包是指业主将整个工程项目按子项工程或专业工程分期分批，以公开或邀请招标的方式，分别直接发包给承包商，每一个项目工程或专业工程的发包均有发包合同。采用这种发包方式，业主在可行性研究决策的基础上，首先要委托设计单位进行工程设计，与设计单位签订委托设计合同。其次，在初步设计完成并经批准立项后，设计单位按业主提出的分项招标进度计划要求，分项组织招标设计或施工图设计；业主据此分期分批组织采购招标，各中标签约的承包商先后进点施工，每个直接承包的承包商对业主负责，并接受监理工程师的监督；经业主同意，直接承包的承包商也可进行分包。最后，在这种模式下，业主根据工程规模的大小和专业的情况，可委托一家或几家监理单位对施工进行监督和管理。业主采用这种建设方式的优点在于可充分利用竞争机制，选择专业技术水平高的承包商承担相应专业项目的施工，从而取得提高质量、降低造价、缩短工期的效果。但和总承包制相比，业主的管理工作量会增大。

分项直接发包项目管理方式具有下列特点：

(1) 施工合同多，业主的协调管理工作量大。业主要与众多的项目建设参与者签约，特别是要与多个施工承包商（供应商）签约，施工合同多，界面管理复杂，沟通、协调工作量大，而且分包数量越多，协调工作量越大。因此，对业主的协调管理能力有较高的要求。

(2) 利用竞争机制，降低合同价。采用分项发包，每一个招标项目的规模相对较小，有资格投标的单位多，能形成良好的竞争环境，降低合同价，有利于业主的投资控制。但是，分标项目过多时，项目实施中的协调工作量很大，合同管理成本较高。

(3) 可以缩短建设周期。采用分项招标，往往在初步设计完成后就可以开始组织招标，按照"先设计、后施工"的原则，以招标项目为单元组织设计、招标、施工流水作业，使设计、招标和施工活动充分搭接，从而可以缩短工期。

(4) 设计变更多。采用分项发包，设计和施工分别由不同的单位承担，设计施工互相脱节，设计者很少考虑施工采用的工艺、技术、方法和降低成本的措施，特别是在大型土木建筑工程中，往往在初步设计完成后，依据深度不足的招标设计进行招标，在施工中设计变更多，不利于业主的投资控制。

分项直接承包是目前我国大中型工程建设中广泛使用的一种建设管理方式。

综上所述 DBB 模式是一种传统模式，其显著特点是：工程项目的实施是按顺序进行。一个阶段结束后，后一个阶段才开始，故该模式的建设周期长，业主管理费用高，设计、施工之间的冲突多。

DBB 模式的优点：① 解决了业主／承包商信息不对称问题；② 解决了分工问题，建筑师（Architect）／咨询工程师（The Engineer 或 Consultant）为职业项目管理专家，提高了效率；③ 建筑师（Architect）／咨询工程师（The Engineer 或 Consultant）中立于业主与承包商之间，解决了社会公正问题。

DBB 模式的缺点：① 业主与承包商利益对立，造成交易费用高昂（启用 A/E、招标、索赔、纠纷、诉讼等）；② 分工过细造成效率下降——反分工理论。

二、设计－施工总包

在设计－施工总包（Design-Build，DB）中，总承包商既承担工程设计，又承担施工任务，一般都是智力密集型企业如科研设计单位或设计、施工单位联营体，具有很强的总承包能力，拥有大量的施工机械和经验丰富的技术、经济、管理人才。总承包商可能把一部分或全部设计任务分包给其他专业设计单位，也可能把一部分或全部施工任务分包给其他承包商，但其与业主签订设计－施工总承包合同，向业主负责整个项目的设计和施工。DB 模式的基本出发点是促进设计与施工的早期结合，以便有可能充分发挥设计和施工双方的优势，提高项目的经济性，一般适用于建筑工程项目。

这种把设计和施工紧密地结合在一起的方式，能起到加快工程建设进度和节省费用的作用，并使施工方面新技术结合到设计中去，也可加强设计施工的配合和设计施工的流水作业。但承包商既有设计职能，又有施工职能，使设计和施工不能相互制约和把关，这对监理工程师的监督和管理提出了更高的要求。

在国际工程承包中，设计施工总包是当前的发展趋势，其应用范围已从住宅工程项目延伸到石油化工、水电、炼钢和高新技术项目等，设计施工总包合同金额占国际工程承包合同总金额的比例稳步上升。据统计，美国排名前 400 位的承包商的利税值的 1/3 以上均来自设计施工总包。设计施工总包目前在我国尚处于初步实践阶段，已有少数工程采用了这种建设模式，如浙江省石塘水电站工程和山西垣曲的中条山供水工程等，由设计单位实行设计－施工总包，取得了良好的效果，为在我国应用设计－施工总包建设方式率先进行了探索。

三、CM 模式

(一) CM 模式的内涵

CM（Construction Management）模式，就是在采用快速路径法（Fast Track）进行施工时，从开始阶段就选择具有施工经验的 CM 单位参与到建设工程实施过程中来，以便为设计人员提供施工方面的建议且随后负责管理施工过程。目的是考虑到协调设计、施工的关系，以在尽可能短的时间内，高效、经济地完成工程建设的任务。

CM 模式改变了过去那种设计完成后才进行招标的传统模式，采取分阶段发包，由业主、CM 单位和设计单位组成一个联合小组，共同负责组织和管理工程的规划、设计和施工。CM 单位负责工程的监督、协调及管理工作，在施工阶段定期与承包商会晤，对成本、质量和进度进行监督，并预测和监控成本及进度的变化。CM 模式于 20 世纪 60 年代发源于美国，进入 20 世纪 80 年代以来在国外广泛流行，它的最大优点是可以缩短工程从规划、设计到竣工的周期，节约建设投资，减少投资风险，可以比较早地取得收益。

(二) CM 模式的类型

按照模式的合同结构，CM 模式有两种形式，即代理型 CM（CM/Agency）和非代理型 CM（CM/No-Agency），也分别称为咨询型 CM 和承包型 CM，业主可以根据项目的具体情况加以选用。不论哪一种情况，应用 CM 模式都需要有具备丰富施工经验的高水平的 CM 单位，这可以说是应用 CM 模式的关键和前提条件。

承包型 CM 单位不是"业主代理人"，而是以承包商的身份工作，其可以直接进行分包发包，与分包商签订分包合同，但需获得业主的确认；而咨询型 CM 单位仅以业主代理人的身份参与工作，其可以帮助业主进行分项施工招标，业主与各承包商签订施工合同，CM 单位与承包商没有合同关系。无论是咨询型合同，还是承包型 CM 合同，通常既不采用单价合同，也不采用总价合同，而采用"成本加酬金合同"的形式。不过，后者的合同价中包括工程成本和 CM 风险费用。

(三) CM 模式和传统的总承包方式的比较

CM 模式和传统的总承包方式相比不同之处在于，不是等全部设计完成后才开始施工招标，而是在初步设计完成以后，在工程详细设计进行过程中分阶段完成施工图纸。如基础土石方工程、上部结构工程、金属结构安装工程等均能单独成为一套分项设计文件，分批招标发包。

CM 模式的主要优点是，虽然设计和施工时间未变化，却缩短了完工所需要的时间。CM 模式可以适用于：设计变更可能性较大的建设工程；时间因素最为重要的建设工程；因总的范围和规模不确定而无法准确定价的建设工程。

四、项目管理模式

(一) 项目管理模式的定义

项目管理（Project Management，PM）模式是近年来国际流行的建设管理模式，该模式是项目管理公司 (一般为具备相当实力的工程公司或咨询公司) 受项目业主委托，根据合同约定，代表业主对工程项目的组织实施进行全过程或若干阶段的管理和服务。项目管理公司作为业主的代表，帮助业主做项目前期策划、可行性研究、项目定义、项目计划，以及工程实施的设计、采购、施工、试运行等工作。

(二) 项目管理模式的类型

根据项目管理公司的服务内容、合同中规定的权限和承担的责任不同，项目管理模式一般可分为两种类型：

1. 项目管理承包型（PMC）

在该种类型中，项目管理公司与项目业主签订项目管理承包合同，代表业主管理项目，而将项目所有的设计、施工任务发包出去，承包商与项目管理公司签订承包合同。但在一些项目上，项目管理公司也可能会承担一些外界及公用设施的设计 / 采购 / 施工工作。这种项目管理模式中，项目管理公司要承担费用超支的风险，当然，若管理得好，利润回报也较高。

2.项目管理咨询型（PM）

在该种类型中，项目管理公司按照合同约定，在工程项目决策阶段，为业主编制可行性研究报告，进行可行性分析和项目策划；在工程项目实施阶段，为业主提供招标代理、设计管理、采购管理、施工管理和试运行（竣工验收）等服务，代表业主对工程项目进行质量、安全、进度、费用等管理。这种项目管理模式风险较低，项目管理公司根据合同承担相应的管理责任，并得到相对固定的服务费。

从某种意义上说，CM 模式与项目管理模式有许多相似之处。如 CM 单位也必须由经验丰富的工程公司担当；业主与项目管理公司、CM 单位之间的合同形式皆是一种成本加酬金的形式，如果通过项目管理公司或 CM 单位的有效管理使投资节约，项目管理公司或 CM 单位将会得到节约部分的一定比例作为奖励。但 CM 模式与项目管理模式的最大不同之处在于：在 CM 模式中，CM 单位虽然接受业主的委托，在设计阶段提前介入，给设计单位提供合理化建议，但其工作重点是在施工阶段的管理；而项目管理模式中的项目管理公司的工作任务可能会涉及整个项目建设过程，从项目规划、立项决策、设计、施工到项目竣工。

五、一体化项目管理模式

随着项目规模的不断扩大和建设内容的日益复杂，近年来国际上出现了一种一体化项目管理的模式。所谓一体化项目管理模式是指业主与项目管理公司在组织结构上、项目程序上，以及项目设计、采购、施工等各个环节上都实行一体化运作，以实现业主和项目管理公司的资源优化配置。实际运作中，常是项目业主和项目管理公司共同派出人员组成一体化项目联合管理组，负责整个项目的管理工作。一体化项目联合管理组成员只有职责之分，而不究其来自何方。这样项目业主既可以利用项目管理公司的项目管理技术和人才优势，又不失去对项目的决策权，同时也有利于业主把主要精力放在专有技术、资金筹措、市场开发等核心业务上，有利于项目竣工交付使用后业主的运营管理，如维修、保养等。我国近年来在石油化工行业中开始探索一体化项目管理模式，并取得了初步的实践经验。

六、工程项目总包模式

工程项目总包（Engineering Procurementand Construction, EPC）也称一揽子承包，或叫"交钥匙"（Turn-key）承包。这种承包方式，业主对拟建项目的要求和条件只概略地提出一般意向，而由承包商对工程项目进行可行性研究，并对工程项目建设的计划、设计、采购、施工和竣工等全部建设活动实行总承包。

七、Partnering 模式

Partnering 模式，常译为伙伴模式，是在充分考虑建设各方利益的基础上确定建设工程共同目标的一种管理模式，于20世纪80年代中期首先出现于美国。它一般要求业主与参建各方在相互信任、资源共享的基础上达成一种短期或长期的协议，通过建立工作小组展开相互合作，通过内部讨论会及时沟通以避免争议和诉讼的产生，共同解决建设工程实施过程中出现的问题，共同分担工程风险和有关费用，以保证参与各方目标和利益的实现。Partnering 协议不是严格法律意义上的合同，一般都是围绕建设工程的费用、进度和质量三大目标以及工程变更、争议和索赔、施工安全、信息沟通和协调、公共关系等问题做出相应的规定，而这些规定都是有关合同中没有或无法详细规定的内容。

Partnering 模式在日本、美国和澳大利亚的运作取得了成功。它除了具有效率高、官僚作风少，以及成本确定、施工速度快、质量好等优点外，还具有以下特点：

（1）合作各方的自愿性。项目各参与方在相互信任、尊重对方的利益的基础上，建立了"以项目成败为己之成败"的理念，自愿为共同的目标努力，而不是依靠合同所规定条款的法律效力。

（2）高层管理的参与。项目参与各方建立伙伴关系，一般是项目参与各方的战略选择，因此，在建立伙伴关系或选择战略伙伴时都需要高层管理的参与。

（3）信息的开放性。伙伴模式中，项目参与各方在实施过程中必须通过内部讨论会沟通、交流意见和信息，及时解决项目实施过程中出现的问题。因此，本着问题解决和持续改进的原则，伙伴模式中，项目参与各方关于项目信息的开放度较高。

第五章　电力工程项目风险管理

第一节　电力工程项目风险管理概述

由于电力工程项目具有建设周期长、投资额大、整体性强和受环境制约性强的特点，影响其投资目标实现的因素众多，而这些因素的状况如何存在着许多的不确定性，受这些因素的影响，建设工程项目在实施过程中或实施完成后，项目的实际情况与人们的预期有时会存在着很大的差异，由此会造成损失，给项目带来风险。为尽量减小客观存在着的项目风险所带来的损失，在项目实施过程中要对建设工程项目进行必要的风险管理。

电力工程项目风险是指电力工程项目在决策和实施过程中，造成实际结果与预期目标的差异性及其发生的概率。项目风险的差异性包括损失的不确定性和收益的不确定性。这里的工程项目风险是指损失的不确定性。项目管理人员必须充分重视工程项目的风险管理，将其纳入工程项目管理之中。

一、工程期风险管理控制的必要性

在社会经济全面快速发展的今天，电力项目的施工规模得到了全面的拓展和延伸。一系列电力项目工程的施工以及投入运营，在很大程度上满足了社会经济以及人们生产生活的用电需求，同时也推动了全社会的进步与发展。作为一项系统且复杂的大型工程，在电力项目工程开展过程中，尤其是在它的工程期，可能存在着多元化的风险因素。全面管理与控制电力项目工程期的风险，科学、多元地进行风险识别和分析，不仅能够有效降低风险发生的概率，同时也能够整体保证电力项目的正常投入使用。一方面，电力工程项目是相对复杂的，在工程期管理中，部分项目可能风险相对较小，盈利水平相对较高，但部分项目可能存在着较大的风险，不仅无法盈利，可能还会面临亏损。因此，在风险管理过程中，应该对这些可能带来亏损的项目的性质进行识别，并对其未来可能遇到的风险进行预测和分析，对风险可能导致的危害进行评估，及时采用风险控制方法来实现成本控制，避免出现亏损。因此，加强电力项目工程期的风险管理控制具有重要的现实意义。另一方面，电力项目在工程期可能面临着多元化的风险，不同的风险性质、内容等都存在较大的差异。通过科学的风险控制，能够结合风险类型、特点、成因等，给予针对性的预防控制。

二、工程项目管理中风险控制现状

（一）风险控制意识较为淡薄

风险控制意识较为淡薄为当前国内很多电力工程在建设过程中共同存在的问题之一。这在很大程度上是由于电力工程项目管理人员在电力工程项目管理的过程中，往往过多地重视施工技术，轻视施工管理，最终出现原本可以有效规避的风险由于必要的风险意识缺失诱发了更大的风险。

从现在电力领域的发展情况来看，我们可以把整个电力产业说成一个具有垄断式的行业，它不像其他行业那样与生俱来就有一种极强的竞争，电力行业几乎不存在竞争，而是处于一种几近垄断的地位。电力产业型的单位在建立之初，其建设规模极其庞大，整个电力工程所需要的人力、物力、财力不可想象，因此其建设周期也非常长，有时候仅仅建设某个大型项目工程就需要耗费几年，而需要的相关技术也较为复杂。除此之外，相关的管理人员对风险管理的认识仅仅停留在风险发生的偶然性及不确定性上，而忽视了对风险进行有效管理的重要性，过于"舍本求末"，而这种风险意识就必然不能使相关管理人员从内心真正地控制好建设周期如此之长、建设工作如此复杂难控的电力工程项目。用更为通俗的话来讲，也就是说电力工程项目工作本来就需要较高的技术、较雄厚的资金支撑，以及足够的施工人员等，这些硬指标实现以后也仅仅是电力工程项目顺利进行的第一步而已。在电力建设过程中还需要考虑一些人为因素，如相关负责人由于自身的思想问题而可能会对整个项目带来的负面影响，从而降低对电力工程项目施工过程中的风险管控。

（二）风险管理制度不够健全

风险管理制度不够健全，且没有得到有效的落实。当前我国电力工程项目相对于先前有了较大的变化，先前的电力工程项目风险控制措施在很多方面已经不能满足当前电力工程项目管理的需求，导致具体的风险管理制度在实施的过程中出现较多的漏洞。再加上很多风险控制措施在落实的过程中存在一定程度的人为打折的情况，进一步降低了风险控制的有效性。

（三）缺乏必要的风险控制预警机制

从当前很多建设项目实行的风险控制预警机制中可以看出，在建设项目管理的过程中，实行风险预警机制在很大程度上能够提升风险控制的有效性，可实现对多数风险的灵敏反应。但我国很多电力工程项目在管理的过程中，并没有实行风险预警机制，这在很大程度上降低了电力工程项目管理人员对各种风险识别的敏感性，从而导致电力工程风险等级的上升。

（四）缺乏基础的电力工程项目风险管理数据库

当下，大数据时代已经到来，虽然在我国很多企事业单位才刚刚重视大数据，但是不可否认大数据在整个企事业单位发展中的重要作用。对于电力单位而言，建立相应的数据库，为自己单位面向大数据时代做好基础工作是非常有必要的。为此，电力工程项目相关负责人应该肩负起自己的责任，在项目施工的各个阶段及时采集有用的数据信息，并且将这些信息合理地进行筛选、分类及存档。但事实上，由于我国的大数据起步较晚，很多人还没有意识到其重要性，电力工程项目相关单位也是如此，这就使得单位的数据信息库不够完善、不够精确，当一些风险事故发生以后，难以及时、准确地应对其所面临的风险，从而扩大了风险对企业所造成的破坏与影响。

三、工程项目风险的分类

工程项目的风险因素有很多，可以从不同的角度进行分类。

（一）按照风险来源进行划分

风险因素包括自然风险、社会风险、经济风险、法律风险。

（1）自然风险，如地震，风暴，异常恶劣的雨、雪、冰冻天气等；未能预测到的特殊地质条件，如泥石流、河塘、流沙、泉眼等；恶劣的施工现场条件等。

（2）社会风险，包括宗教信仰的影响和冲击、社会治安的稳定性、社会的禁忌、劳动者的文化素质、社会风气等。

（3）经济风险，包括国家经济政策的变化，产业结构的调整，银根紧缩；项目的产品市场变化；工程承包市场、材料供应市场、劳动力市场的变动；工资的提高、物价上涨、通货膨胀速度加快；金融风险、外汇汇率的变化；等等。

（4）法律风险，如法律不健全，有法不依、执法不严，相关法律内容发生变化；可能对相关法律未能全面、正确理解；环境保护法规的限制；等等。

（二）按照风险涉及的当事人划分

1. 业主的风险

业主遇到的风险通常可以归纳为三类，即人为风险、经济风险和自然风险。

（1）人为风险，包括政府或主管部门的专制行为，管理体制、法规不健全，资金筹措不力，不可预见事件，合同条款不严谨，承包商缺乏合作诚意以及履约不力或违约，材料供应商履约不力或违约，设计有错误，监理工程师失职等。

（2）经济风险，包括宏观经济形势不利，投资环境恶劣，通货膨胀幅度过大，投资回收期长，基础设施落后，资金筹措困难等。

（3）自然风险，主要是指恶劣的自然条件，恶劣的气候与环境，恶劣的现场条件以及不利的地理环境等。

2. 承包商的风险

承包商作为工程承包合同的一方当事人，所面临的风险并不比业主的小。承包商遇到的风险也可以归纳为三类，即决策错误风险、缔约和履约风险、责任风险。

（1）决策错误风险。主要包括信息取舍失误或信息失真风险、中介与代理风险、保标与买标风险、报价失误风险等。

（2）缔约和履约风险。在缔约时，合同条款中存在不平等条款、合同中的定义不准确、合同条款有遗漏；在合同履行过程中，协调工作不力，管理手段落后，既缺乏索赔技巧，又不善于运用价格调值办法。

（3）责任风险。主要包括职业责任风险、法律责任风险、替代责任风险。

（三）按风险的合理划分

（1）可管理风险。可管理风险是指用人的智慧、知识等可以预测、可以控制的风险。

（2）不可管理风险。不可管理风险是指用人的智慧、知识等无法预测和无法控制的风险。风险可否管理不仅取决于风险自身的特点，还取决于所收集资料的多少和掌握管理技术的水平。

（四）按风险影响范围划分

（1）局部风险。局部风险是指由于某个特定因素导致的风险，其损失的影响范围较小。

（2）总体风险。总体风险影响的范围大，其风险因素往往无法加以控制。

（五）按风险涉及项目管理过程进行划分

1. 工程工期风险

工程工期为电力工程项目建设的一个时间估计，由于其工期的制定就来自估计，所以电力工程项目在进行管理的过程中就存在较大的工期风险。其中，有可能诱发工程工期风险的主要因素有气候因素、设计因素、物料因素等。首先，电力工程在进行建设的过程中，往往是在露天的环境下进行，所以，电力工程建设的速度就直接受到气候因素的影响，当电力工程建设过程中突然间出现一些强对流天气时，电力工程不得不停止建设。其次，电力工程在建设过程中经常遇到地质条件或者使用功能等方面的变化，这就需要进行相应的设计变化，设计变化必然给电力工程建设周期带来影响。最后，电力工程建设需要人员、物料必须充足，这样才能保证电力工程建设的工期，但若遇到突变情况，物料不能及时运达施工现场，就会耽误施工工期。

2. 工程质量风险

电力工程建设实质为我国基础性建设项目之一，其建设质量不仅要满足建筑自身质量的标准，还必须达到电力工程自身功能需求。这就给电力工程提出了较高的质量要求。但根据以往电力工程建设经验，电力工程在建设过程中，存在一定的质量风险。诱发质量风险的主要因素为人为因素。主要表现为不能遵照相关的程序进行施工、施工过程中偷工减料、思想麻痹大意，从而诱发工程质量风险。

3. 成本风险

当前电力工程建设周期与规模不断扩大，这在很大程度上增加了其成本风险。同时，若电力工程在建设的过程中便有较高的工程质量风险和工期风险，则电力工程的成本风险必然也随之升高。

(六) 按风险涉及的监理单位划分

与监理单位有关的主体行为风险主要包括技术及管理水平风险、违规操作风险、职业道德风险、服务意识差风险等。

(1) 技术及管理水平风险。监理单位的人员专业素质不高，施工管理乱，不能将各种资源合理地组织和有效协调。

(2) 违规操作风险。下达指令违规、程序错误、越权指挥等。

(3) 职业道德风险。不公正、科学履职，与承包单位合谋等。

(4) 服务意识差风险。不能对工程项目给予充分的技术支持和帮助等。

四、工程项目风险管理的特点

(一) 系统性

电力工程项目风险管理一般包括项目风险识别、项目风险分析、项目风险评价和项目风险控制等要素，具有很强的系统性。因而，需要综合运用各种科学方法来实现项目风险管理与控制目标。

（二）多样性与复杂性

电力工程项目风险种类繁多，如经济风险、法律风险、环境风险、经营风险、合作者风险等，这些风险之间又存在着复杂的内在联系，由此导致了电力工程项目风险管理的复杂性。

（三）阶段性与全程性

电力工程项目风险管理具有阶段性和全程性。随着电力工程项目建设运营进程的发展，各类风险相继出现，从而使电力工程项目风险管理具有较为明显的阶段性。同时，由于电力工程项目的各类风险存在于项目建设及经营的全过程，因此，电力工程项目风险管理也将存在于从项目建设开始到项目竣工并交付运营的全过程。

（四）成本效益性

电力工程项目风险管理须遵循成本效益原则，以选择最低成本、最大效益的方法来制定风险管理策略，即在选择制定最佳的风险管理方法时，要权衡成本与效益的相互关系，从最经济合理的角度来防范控制风险。

五、工程项目风险管理程序

工程项目风险管理是指风险管理主体通过风险识别、风险评价去认识项目的风险，并以此为基础，合理地使用风险回避、风险控制、风险自留、风险转移等管理方法、技术和手段，对项目风险进行有效的控制，妥善处理风险事件造成的不利后果，以合理的成本保证项目总体目标实现的管理过程。

工程项目风险管理程序是指对项目风险进行管理的一个系统的、循环的工作流程，包括风险识别、风险分析与评估、风险的控制与防范、风险应对策略的决策、风险对策的实施以及风险对策实施的控制六个主要环节。

（一）风险识别

风险识别是风险管理中的首要步骤，是指通过一定的方式，系统而全面地识别影响项目目标实现的风险事件并加以适当归类，以及记录每个风险因素所具有的特点的过程。必要时，还需对风险事件的后果进行定性估计。

在电力工程风险控制工作开展前期，就需要对电力建设工程中可能存在的问题进行深入分析和实际勘查，结合电力工程开展的具体条件与项目本身的特征，从工程企业和承包企业的角度来对其中的风险因素和风险隐患以及可能造成的影响进行具体分析。要依据电力工程的管理需要，来对整个施工的流程进行监管，对其中的风险进行控制，并预测可能会出现的风险，统一和整合整个工程项目的相关信息，评估可能会出现的风险并制定清单，在清单的制定过程中，要从客观的角度来分析一些影响较大的风险，尤其是一些在施工开展时会对施工的质量、安全等造成影响的风险因素。还要提高电力建设工程风险基本信息以及相关资料的存储和管理力度，以往的相同区域、同类工程的实际案例以及对风险的控制经验，都可以在新电力工程中进行借鉴和参考，所以，必须对电力工程风险控制的基本信息数据进行合理存储和管控，制定较为完善的电力项目风险控制报表。

(二) 风险分析与评估

风险分析与评估是将项目风险事件发生的可能性和损失后果进行定量化的过程。该过程在系统地识别项目风险与合理地做出风险应对策略的决策之间起着重要的桥梁作用。风险分析与评估的结果主要在于确定各种风险事件发生的概率及其对项目目标影响的严重程度，如项目投资增加的数额、工期延误的天数等。

在电力建设工程开展时，对项目实现的影响因素总是在发生变动，这使得风险在不断变化。所以，风险控制措施要随之进行合理的调整，在电力工程施工的各个环节中，都要按照具体实施情况来对其中的风险进行分析，并灵活地调整风险控制方案。现在，我国电力建设行业在管理体系、管理力度等方面已经有着一些成绩，不过，在工程开展时，对于工程目标实现的影响因素不能忽视。所以，为了能够有效地降低建设的外部影响因素，需要提高对风险的评价能力，并实施动态的管理，以此来更加有效地提高风险控制方案的灵活性。

(三) 风险的控制与防范

(1) 加强对人员的培训。培养工作人员的安全意识和责任意识是首要前提，这会使他们在工作中能自觉地担起重任，不时地对整个工程项目进行监察追踪，仔细地找出一些问题并及时与专业人士进行商讨解决。

从目前的一些情况来看，在进行电力工程项目建设的过程中，一定要强化相关人员的电力工程项目建设风险意识，避免相关人员产生风险侥幸心理，要迫使他们对以往的错误观念做出改变，不可以让他们这种错误的侥幸心理成为提高风险发生概率的催化剂，要及时让他们认识到自己观念上的错误，实实在在地保障电力建设项目的顺利进行。

(2) 管理人员方面。管理人员应根据电力工程项目及影响因素制定整体的管理制度和应急预案，提前对电力的需求进行准确调查分析，科学合理地设置线路以及分配电力来避免造成资源的浪费，在闲暇之余应适当地学习成功的电力工程项目管理案例以及先进的管理思想，以便更好地进行风险管控。另外，要进一步对工作人员进行科学合理的分工，这有助于其应对突发情况，确保他们能快速高效地解决问题，而不是慌乱、不知所措。

(3) 构建合理的电力工程项目风险管理制度体系。电力工程所涉及的方面及部门较多，能够对电力工程项目造成影响的外界因素也较多，使电力工程建设项目中的各个环节都受到或大或小的风险威胁。所以，构建合理、科学、全面、有效的电力工程项目风险管理制度体系是非常有必要的。为实现此目标，可以通过对电力工程相关项目的设计、招投标等步骤来实现对电力建筑市场进行更为规范化的管理，利用与风险管理相匹配的绩效考核机制来降低电力工程项目风险。对于某些风险较大的电力工程项目风险管理工作，还可以借助法律来进行强制保险。

(4) 完善电力工程项目风险管理系统。完善电力工程项目风险管理系统，是降低电力工程项目风险的有效方法之一。借助计算机对各种风险进行统计、分类，再建立相应的电力工程项目风险管理系统，从而更为系统地对项目风险进行管理，有利于保证工程项目正常、有序地进行。

(5) 加强投入力度。增加投入的资金可以用来引进更加先进的技术设备或新型人才，以此更好地利用当前的物联网一类的技术来加强管控，以提高其管理质量。

(四) 风险应对策略的决策

风险应对策略的决策是确定项目风险事件最佳对策组合的过程。一般来说，风险管理中所运用的对策有以下四种，即风险回避、风险控制、风险自留和风险转移。这些风险对策的适用对象各不相同，需要根据风险评价的结果，对不同的风险事件选择最适宜的风险对策，从而形成最佳的风险对策组合。

(五) 风险对策的实施

对风险应对策略所做出的决策还需要进一步落实到具体的计划和措施。例如，在决定进行风险控制时，要制订预防计划、灾难计划、应急计划等；在决定购买工程保险时，要选择保险公司，确定恰当的保险险种、保险范围、免赔额、保险费等。这些都是实施风险对策决策的重要内容。

(六) 风险对策实施的控制

在项目实施过程中，要不断地跟踪检查各项风险应对策略的执行情况，并评价各项风险对策的执行效果。当项目实施条件发生变化时，要确定是否需要提出不同的风险应对策略。因为随着项目的不断进展和相关措施的实施，影响项目目标实现的各种因素都在发生变化，只有适时地对风险对策的实施进行控制，才能发现新的风险因素，并及时对风险管理计划和措施进行修改和完善。

第二节　电力工程项目风险识别与分析评价

一、风险识别

风险识别是指风险管理人员在收集资料和调查研究之后，运用各种方法对尚未发生的潜在风险以及客观存在的各种风险进行系统归类和全面识别。风险识别的主要内容是：识别引起风险的主要因素，识别风险的性质，识别风险可能引起的后果。

(一)风险识别的方法

(1)专家调查法。专家调查法主要包括头脑风暴法、德尔菲法和访谈法。

(2)财务报表法。财务报表有助于确定一个特定企业或特定的项目可能遭受哪些损失,以及在何种情况下遭受这些损失。通过分析资产负债表、现金流量表、损益表及有关补充资料,可以识别企业当前的所有资产、负债、责任及人身损失风险。将这些报表与财务预测、预算结合起来,可以发现企业或项目未来的风险。

(3)初始风险清单法。如果对每一个项目风险的识别都从头做起,至少有以下三方面缺陷:一是耗费时间和精力多,风险识别工作的效率低;二是由于风险识别的主观性,可能导致风险识别的随意性,其结果缺乏规范性;三是风险识别成果资料不便积累,对今后的风险识别工作缺乏指导作用。因此,为了避免以上缺陷,有必要建立初始风险清单。

初始风险清单法是指有关人员利用他们所掌握的丰富知识设计而成的初始风险清单表,尽可能详细地列举项目所有的风险类别,按照系统化、规范化的要求去识别风险。建立项目的初始风险清单有两种途径:一是参照保险公司或风险管理机构公布的潜在损失一览表,再结合某项目所面临的潜在损失,对一览表中的损失予以具体化,从而建立特定工程的风险一览表;二是通过适当的风险分解方式来识别风险。对于大型、复杂的项目,首先将其按单项工程、单位工程分解,再对各单项工程、单位工程分别从时间维、目标维和因素维进行分解,这样可以较容易地识别出项目主要的、常见的风险。

初始风险清单只是为了便于人们较全面地认识风险的存在,而不至于遗漏重要的项目风险,但并不是风险识别的最终结论。在初始风险清单建立后,还需要结合特定项目的具体情况进一步识别风险,从而对初始风险清单做一些必要的补充和修正。为此,需要参照同类项目风险的经验数据,或者针对具体项目的特点进行风险调查。

(4)流程图法。流程图是将项目实施的全过程,按其内在的逻辑关系制成流程图,针对流程图中的关键环节和薄弱环节进行调查和分析,找出风险存在的原因,从中发现潜在的风险威胁,分析风险发生后可能造成的损失和对项目全过程造成的影响有多大。

运用流程图分析，项目管理人员可以明确地发现项目所面临的风险。但流程图分析仅着重于流程本身，而无法显示发生问题的损失值或损失发生的概率。

（5）风险调查法。从工程项目的特殊性可知，两个不同的项目不可能有完全一致的项目风险。因此，在项目风险识别过程中，花费人力、物力、财力进行风险调查是必不可少的，这既是一项非常重要的工作，也是项目风险识别的重要方法。风险调查应当从分析具体项目的特点入手，一方面对通过其他方法已识别出的风险（如初始风险清单所列出的风险）进行鉴别和确认；另一方面，通过风险调查有可能发现此前尚未识别出的重要的项目风险。通常，风险调查可以从组织、技术、自然及环境、经济、合同等方面，分析拟建工程项目的特点及相应的潜在风险。

（二）风险识别的成果

风险识别的成果是进行风险分析与评估的重要基础。风险识别的最主要成果是风险清单。风险清单是记录和控制风险管理过程的一种方法，并且在做出决策时具有不可替代的作用。风险清单最简单的作用是描述存在的风险，并记录可能减轻风险的行为。

二、风险评价指标体系的构建

（一）指标体系构建的原则

电力工程项目主体行为风险评价的核心是确定风险评价指标体系。指标体系的科学性和合理性直接关系到主体行为风险评价的质量，因此，指标体系必须科学、合理，尽可能全面地反映所有建设工程项目主体行为风险因素。

（1）系统性。电力工程项目主体行为风险评价指标体系要能全面地反映各参建主体的实际状况。评价对象需要有多个指标来进行衡量，各指标之间要有一定的逻辑关系，不但要从不同的侧面反映各个不同主体所表现出来的不同主体行为风险，还要反映各个主体行为对其他主体所产生的影响。每一个系统由一组指标构成，各个指标之间既相互独立、又彼此联系，共同构成一个有机的统一体。指标体系的构建应具有层次性，自上而下，从宏观到微观层层递进，形成一个系统性的评价体系。

（2）科学性。电力工程项目主体行为风险评价指标体系必须遵循理论与实践相结合，用科学的理论和方法确立的指标必须是能够进行定量和定性分析的指标。有科学的理论做指导，同时又能反映评价对象的客观实际情况，抓住最重要、最本质和最有代表性的东西，对客观实际进行简练、符合实际的抽象性描述。

（3）重要性。在电力工程项目的众多参与单位中，各个单位的行为风险因素很多，但不可能把所有的行为因素均列入评价指标体系中。因素过多将会造成评价的难以进行，不能反映监理单位影响项目的关键风险行为因素。因此，电力工程项目主体行为风险评价指标体系的建立应当坚持重要性原则，将关键、对项目影响明显的主体行为因素列入指标体系，忽略一些对项目影响不大的次要因素。

（4）可操作性。指标体系的建立必须遵循可操作性原则。选取的评价指标要尽可能简化，方法要简便易行。评价指标体系不能过于烦琐，在保证评价结果的客观、全面性的条件下，应尽可能简化，去掉对评价结果影响不大的指标。指标体系所需的数据信息应当易于采集，且能保证数据的真实性和准确性。指标体系评价工作应当依照一定的规范进行，使得整个评价工作规范化、标准化，能够广泛推广。

（5）综合性。任何系统都是由一些要素因特定的目的综合而成，电力工程项目主体行为风险作为一个综合性较强的系统，由业主行为、承包单位行为、监理单位行为等多种要素构成。这些要素彼此相互联系、相互制约。在指标体系的建立过程中，应当从电力工程项目整体综合考虑、平衡各种要素，建立一个合适的电力工程项目主体行为风险评价指标体系。

（二）指标体系的构成

1. 业主行为

业主行为风险常见的主要有组织管理能力风险、投资决策风险、业主变更风险、合同管理风险、资金融通风险等。引起组织管理能力风险的原因主要是业主不能将各种资源合理地组织、沟通、协调，以及合同实施的能力差等，组织管理能力风险往往造成建设工程项目组织体系不完善、合同实施不畅等问题。投资决策风险主要是由于决策团队、信息资源、执行系统和反馈系统不完善等，会引起决策失误、项目亏损，甚至业主撤走投资。业主变更的出现一般是由于业主对工程的质量和进度等提出不合理要求等，可能会对施工的进度、成本等产生一系列的连锁反应。合同管理风险主要是因为合同签订时，合同条款不够严谨，存在争议。资金融通风险是由于业主的支付意愿不强、支付困难，影响工程款的支付，进而导致工期滞后。

2. 承包单位行为

承包单位行为风险主要包括组织管理能力风险、合同管理风险、施工建设风险等。组织管理能力风险主要有项目人员专业素质不高，施工管理混乱，不能将各种资源合理地组织和有效地协调起来等。合同管理风险主要有合同理解存在分歧、合同条款不够严谨、条款定义模糊等。施工建设风险主要有施工技术落后、施工方案不合理、噪声和环境污染不达标、相关安全措施不到位等。

3. 监理单位行为

监理单位行为风险主要包括技术及管理水平风险、违规操作风险、职业道德风险、服务意识差风险等。技术及管理水平风险主要有监理人员专业素质不高，施工管理混乱，不能将各种资源合理地组织协调起来。违规操作风险主要有监理方单方面下达指令、越权指挥，常见行为有工作中不履行监理程序，不按设计图、规范要求展开监管，故意刁难承包单位等。职业道德风险主要为监理人员不公正、科学，与承包单位合谋；常见的行为有监理单位态度差、做出虚假监理记录等。服务意识差风险主要有监理单位不能给予项目充分的技术支持和热情帮助等。

4. 电力行政主管部门行为

电力行政主管部门行为风险主要包括工作程序及管理风险、政策及相关法律风险等。工作程序及管理风险主要有电力行政主管部门监管力度不够、重视程度不够等，造成监管不到位、手续办理次序不恰当等。政策及相关法律风险主要有建筑市场法律体系不完善、主管部门权力执行不到位、政府对地区规划的变动等。

5. 供应单位行为

供应单位行为风险包括供应物资质量风险和供应保障风险。供应物资质量风险主要有供应的建筑材料质量不合格、建筑材料不符合设计要求等。供应保障风险主要有建筑材料供应延误、建筑材料现场保护不到位等。

(三) 指标体系的优化

运用德尔菲法，并结合主体行为表现形式，得出主体行为风险评价指标体系，分为5个二级指标和20个三级指标。二级指标分别为：① 业主行为风险；② 承包单位行为风险；③ 监理单位行为风险；④ 电力行政主管部门行为风险；⑤ 供应单位行为风险。

三、风险形成机理分析

运用哈登的能量释放理论和海因里希的多米诺骨牌理论分析一般风险形成的机理。哈登认为人和财产都可以被看成一个结构物，在解体之前能够承受一定的极限，一旦能量超过极限，风险事故就会发生。因此，通过控制能量或者改变能量作用的人和财产的相关结构，就可以预防事故。能量释放理论强调风险的发生是因为承受的能量超过组织结构承受的力量。海因里希认为事故的发生就像是一排竖着摆放的骨牌，前面的一个倒塌，后面的一系列都会跟着倒塌，等最后一个骨牌倒下，就意味着风险的发生。

风险管理过程也是对利益相关者协调的过程。利益相关者由于追求的利益不同，拥有的资源也不同，对风险的认知和应该承担风险的职责和范围也不相同，在一定程度上限制了对风险的管理能力。例如，材料供应单位可以确保建筑材料质量的可靠性，承包单位掌握建筑材料的施工技术和使用方法，监理单位完成建筑材料质量的把关和进度控制，各主体之间可以相互制约使项目目标顺利实现，也可以合谋损害业主的利益，给项目带来风险。

工程项目风险管理者要对影响项目目标实现的不确定性事件进行识别和评估，并采取应对措施将其影响控制在可接受范围内。影响项目目标实现的因素更多来自主体的某种特定行为。如项目前期阶段的不确定因素主要表现在以下方面：① 估算数据的不确定性；② 项目设计与施工冲突的不确定性；③ 项目各级目标实现顺序的不确定性；④ 项目行为主体之间基本关系的不确定性。

工程项目行为主体之间基本关系的不确定性是各种不确定性产生的根源。由于主体之间对角色的认知、知识结构、对待风险态度的差异，导致了工程项目利益相关主体之间利益的冲突，进而使项目产生了风险。对此，可以运用契约理论中的显性契约和隐性契约分析利益相关者主体行为的不确定性。隐性契约是一种理论假设，用来描述双方达成的各种默契协议，明确了双方的益损分配。显性契约的缔结是为了降低市场利益主体的交易成本，契约内容得以履行的基本保证是相关的法律、法规。由于隐性契约没有法律的强制认可，其有效实施只能依靠项目利益相关者之间建立信用体系来保障。隐性契约和显性契约之间存在冲突性，会给项目带来一定的风险，主要原因是各利益相关主体追求自身经济利益最大化时因信息不完全产生的主体行为风险，以及各参建主体自身能力的不足等。在工程项目实施过程中，各参建主体经过博弈很容易出现道德风险和逆向选择，以及寻租等短期行为，从而影响项目效益的最大化。

(一) 各利益相关主体追求自身经济利益最大化

工程项目的各个参建主体需要相互博弈才能完成项目目标，即工程项目实质上是业主单位、承包单位、监理单位、勘察设计单位及建设行政主管部门等利益相关者之间缔结的一系列契约的结合体。契约各方向工程项目投入一定的要素，如知识资源、财务资源等，按照谁贡献谁获益的原则，在签订契约之前，各方都是平等、独立的主体，有权获得未来自己在项目经营活动中应该得到的收益。但这种独立、平等只是建立在项目主体获得项目利益的控制权和博弈权的机会，其最终结果取决于项目的各个主体自身的实力在项目实施过程中所处的地位等因素进行博弈的结果。因此，也确立了项目各个主体的目标是利益相关行为主体利益最大化。

项目主体都会受自身的利益驱动，因此，项目主体在做行为决策时，都以获得最大利益为目的。例如，承包单位为了获得利益的最大化而与监理单位合谋降低工程质量等；业主代表利用自身在项目中的主导地位向施工单位、监理单位寻租而谋取私利等；监理单位与承包单位、材料设备供应单位之间存在利害关系或隶属关系，对承包单位不按照法律法规以及强制性标准来实施监管等。这些都是主体为了寻求自身利益最大化的行为给项目带来的风险，将致使项目目标不能顺利实现。

（二）基于信息不完全产生的主体行为风险

由于信息是通过人进行处理并传递，在沟通过程中信息通常被行为主体扭曲。信息的不完全性是不确定性产生的主要原因。不完全信息状态包括信息对称和信息不对称两种情况。在工程项目目标实现的过程中，信息不对称是产生逆向选择的关键因素，一旦信息不对称的情况出现，便会对资源的最优配置产生影响，拥有信息优势的主体可能会对其他主体做出恶意行为，为项目带来风险。

信息本身具有时效性和真伪性等特征，加上工程项目主体之间缺乏足够的信息传播渠道，使项目面临的不确定性更大，产生的风险也更大。由于建设项目参建单位多，参建者沟通面大，参建各方有着不同的利益和动机，对目标和目的性的认识不同，则项目目标与他们的关联性存在差异，造成各参建主体行为动机的不一致。因此，在研究信息不对称的情况下，应重点放在项目的各个主体行为上：一方面由于信息传播过程的不畅通，会导致信息失真，产生客观风险；另一方面拥有信息优势的主体往往会做出一些不道德的行为，此类风险为主体行为风险。通过以上分析，信息的不完全性是不确定性产生的主要原因，而信息不对称是信息不确定的根本原因。

（三）参建各主体自身能力的不足

工程项目主体的能力包括技术能力和组织管理能力两个方面，如果参建主体自身能力不足，同样会给项目带来风险和损失。

业主方能力不足主要表现在管理能力欠缺、资金支付能力差、计划不充分、违约不能完成合同、资源的调配能力弱等方面。承包单位自身能力不足主要表现在管理能力不足，技术能力差，施工方案不合理，商誉较差，安全生产资金投入不足，威胁生产人员的生命安全，项目经理的管理能力较差，不能及时协调施工过程中出现的矛盾导致工期延误，施工质量出现问题等方面。监理单位自身能力不足主要表现在组织机构不健全，监理人员的技术及管理水平不能满足工作的需要；监理工作人员的流动性大，一个施工项目周期会调换多名监理人员；监理人员职业道德较差、服务意识差；监理人员事前、事中控制的能力较差；关键部位、关键工序的监理到"位"不到"点"等方面。设计单位自身能力不足主要表现在一味地追求高效；在建筑设计之初思考不够细致，导致日后的建筑功能粗糙；设计方案的不合理；设计图的正确率低等方面。建设行政主管部门自身能力不足主要表现在工程建设方面的法律法规的变化、政府监管的程度弱等方面。材料设备供应单位自身能力不足主要表现在建筑材料质量不符合要求、建筑材料供应情况差、到货及时率低、服务质量差等方面。

四、风险分析与评价

风险分析与评价是指在定性识别风险因素的基础上，进一步分析和评价风险因素发生的概率、影响的范围、可能造成损失的大小以及多种风险因素对项目目标的总体影响等，达到更清楚地辨识主要风险因素，有利于项目管理者采取更有针对性的对策和措施，从而减少风险对项目目标的不利影响。

风险分析与评价的任务包括：确定单一风险因素发生的概率；分析单一风险因素的影响范围大小；分析各个风险因素的发生时间；分析各个风险因素的风险结果，探讨这些风险因素对项目目标的影响程度；在单一风险因素量化分析的基础上，考虑多种风险因素对项目目标的综合影响、评估风险的程度，并提出可能的措施作为管理决策的依据。

(一)风险的度量

1.风险事件发生的概率及概率分布

(1)风险事件发生的概率。根据风险事件发生的频繁程度，用 $0 \sim 4$ 将风险事件发生的概率分为五个等级，即经常、很可能、偶然、极小、不可能。

(2)风险事件的概率分布。连续型的实际概率分布较难确定。一般应用概率分布函数来描述风险事件发生的概率与概率分布。在实践中，均匀分布、三角分布及正态分布函数最为常用。

（二）风险评定

1. 风险后果的等级划分

为了在采取控制措施时能分清轻重缓急，需要给风险因素划定一个等级。通常按事故发生后果的严重程度划分为五级，即灾难性的、关键的、严重的、次重要的、可忽略的。

2. 项目风险重要性评定

将风险事件发生概率的指数与风险后果的等级相乘，根据相乘所得数值即可对风险的重要性进行评定。

（三）风险分析与评价的方法

风险的分析与评价往往采用定性与定量相结合的方法来进行，这二者之间并不是相互排斥的，而是相互补充的。目前，常用的项目风险分析与评价的方法主要有调查打分法、蒙特卡罗模拟法、计划评审技术法和敏感性分析法等。这里仅介绍调查打分法。调查打分法又称综合评估法或主观评分法，是指将识别出的项目可能遇到的所有风险列成项目风险表，将项目风险表提交给有关专家，利用专家的经验对可能的风险因素等级和重要性进行评估，确定项目的主要风险因素。这是一种最常见、最简单且易于应用的风险评估方法。

调查打分法的基本步骤：

（1）针对风险识别的结果，确定每个风险因素的权重，以表示其对项目的影响程度。

（2）确定每个风险因素的等级值，等级值按经常、很可能、偶然、极小、不可能分为五个等级。当然，等级数量的划分和赋值也可以根据实际情况进行调整。

（3）将每个风险因素的权重与相应的等级值相乘，求出该项风险因素的得分。

（4）将各个风险因素的得分逐项相加得出项目风险因素的总分，总分越高、风险越大。

第三节　电力工程项目风险控制

一、电力工程项目风险预警

(一) 增强风险意识

针对当前电力工程在项目管理过程中风险意识较为淡薄的情况，应在电力工程上下全面增强风险意识。

(1) 作为电力工程项目管理的领导人员，应充分认识到增强风险意识对降低电力工程项目风险的作用，并以身作则，强化风险控制对电力工程项目的重要性。

(2) 制定完善的电力工程项目管理风险控制度，对当前的风险控制条例进行针对性的完善。

(3) 制定对应的风险控制激励制度，全面做到奖罚分明，从而提升电力工程项目内所有人员的风险控制意识。

(二) 建立完善的风险预警机制

通过在电力工程内构建完善的风险预警机制，能够在较大程度上降低电力工程自身的风险。在具体的实施过程中，须做到以下两点：

(1) 需要对电力工程自身与经济市场进行大量的数据收集，以现代化信息技术为依托，辅助结合人工管理的方式，对当前电力工程所处的阶段进行准确的定位，找出其中存在的隐患，从而提升电力工程项目管理工作的及时性与准确性。

(2) 在具体的实施过程中，电力工程也可以与银行等其他系统进行密切的配合，借助银行管理系统中风险控制体系，提升自身风险控制的及时性与有效性。

二、电力工程项目风险应对策略

电力工程项目风险的应对策略包括风险回避、风险转移、风险自留。

(一)风险回避

风险回避是指在完成项目风险分析与评价后，如果发现项目风险发生的概率很高，而且可能的损失也很大，又没有其他有效的对策来降低风险时，应采取放弃项目、放弃原有计划或改变目标等方法，使其不发生或不再发展，从而避免可能产生的潜在损失。通常，当遇到下列情形时，应考虑采取恰当策略以规避风险：

（1）风险事件发生概率很大且后果损失也很大的项目。

（2）发生损失的概率并不大，但当风险事件发生后产生的损失是灾难性的、无法弥补的。

(二)风险转移

风险转移是进行风险管理的一个十分重要的手段，当有些风险无法回避、必须直接面对，而以自身的承受能力又无法有效地承担时，风险转移就是一种十分有效的选择。必须注意的是，风险转移是通过某种方式将某些风险的后果连同对风险应对的权力和责任转移给他人。转移的本身并不能消除风险，只是将风险管理的责任和可能从该风险管理中所获得的利益移交给了他人，项目管理者不再直接地面对被转移的风险。

风险转移的方法有很多，主要包括非保险转移和保险转移两大类。

1.非保险转移

非保险转移又称为合同转移，因为这种风险转移一般是通过签订合同的方式将项目风险转移给非保险人的对方当事人。项目风险最常见的非保险转移有以下三种情况：

（1）业主将合同责任和风险转移给对方当事人。业主管理风险必须从合同管理入手，分析合同管理中的风险分担。在这种情况下，被转移者多数是承包商。例如，在合同条款中规定，业主对场地条件不承担责任；又如，采用固定总价合同将涨价风险转移给承包商等。

（2）承包商进行项目分包。承包商中标承接某项目后，将该项目中专业技术要求很强而自己缺乏相应技术的项目内容分包给专业分包商，从而更好地保证项目质量。

（3）第三方担保。合同当事人的一方要求另一方为其履约行为提供第三方担保。担保方所承担的风险仅限于合同责任，即由于委托方不履行或不适当履行合同以及违约所产生的责任。第三方担保主要有业主付款担保、承包商履约担保、预付款担保、分包商付款担保、工资支付担保等。与其他的风险应对策略相比，非保险转移的优点主要体现在：一是可以转移某些不可保的潜在损失，如物价上涨、法规变化、设计变更等引起的投资增加；二是被转移者往往能较好地进行损失控制，如承包商相对于业主能更好地把握施工技术风险，专业分包商相对于总包能更好地完成专业性强的工程内容。但是，非保险转移的媒介是合同，这就可能因为双方当事人对合同条款的理解发生分歧而导致转移失效。另外，在某些情况下，可能因被转移者无力承担实际发生的重大损失而导致仍然由转移者来承担损失。例如，在采用固定总价合同的条件下，如果承包商报价中所考虑的涨价风险费很低，而实际的通货膨胀率很高，从而导致承包商亏损破产，最终只得由业主自己来承担涨价造成的损失。

2. 保险转移

保险转移通常直接称为工程保险。通过购买保险，业主或承包商作为投保人将本应由自己承担的项目风险（包括第三方责任）转移给保险公司，从而使自己免受风险损失。保险之所以能得到越来越广泛的运用，原因在于其符合风险分担的基本原则，即保险人较投保人更适宜承担项目有关的风险。对于投保人来说，某些风险的不确定性很大，但是对于保险人来说，这种风险的发生则趋近于客观概率，不确定性降低，即风险降低。在决定采用保险转移这一风险应对策略后，需要考虑与保险有关的几个具体问题：一是保险的安排方式；二是选择保险类别和保险人，一般是通过多家比选后确定，也可委托保险经纪人或保险咨询公司代为选择；三是可能要进行保险合同谈判，这项工作最好委托保险经纪人或保险咨询公司完成，但免赔额的数额或比例要由投保人自己确定。

需要说明的是，保险并不能转移工程项目的所有风险：一方面是因为存在不可保风险，另一方面则是因为有些风险不宜保险。因此，对于工程项目风险，应将保险转移与风险回避、损失控制和风险自留结合起来运用。

(三) 风险自留

风险自留是指项目风险保留在风险管理主体内部，通过采取内部控制措施等来化解风险。

1. 风险自留的类型

风险自留可分为非计划性风险自留和计划性风险自留两种。

(1) 非计划性风险自留。由于风险管理人员没有意识到项目某些风险的存在，或者不曾有意识地采取有效措施，以致风险发生后只好保留在风险管理主体内部。这样的风险自留就是非计划性的和被动的。导致非计划性风险自留的主要原因有缺乏风险意识、风险识别失误、风险分析与评价失误、风险决策延误、风险决策实施延误等。

(2) 计划性风险自留。计划性风险自留是主动的、有意识的、有计划地选择，是风险管理人员在经过正确的风险识别和风险评价后制定的风险应对策略。风险自留绝不可能单独运用，而应与其他风险对策结合使用。在实行风险自留时，应保证重大和较大的项目风险已经进行了工程保险或实施了损失控制计划。

2. 风险控制措施

风险控制是一种主动、积极的风险对策。风险控制工作可分为预防损失和减少损失两个方面。预防损失措施的主要作用在于降低或消除(通常只能做到降低)损失发生的概率，而减少损失措施的作用在于降低损失的严重性或遏制损失的进一步发展，使损失最小化。一般来说，风险控制方案都应是预防损失措施和减少损失措施的有机结合。在采用风险控制对策时，所制定的风险控制措施应当形成一个周密的、完整的损失控制计划系统。该计划系统一般应由预防计划、灾难计划和应急计划三部分组成。

(1) 预防计划。预防计划的目的在于有针对性地预防损失的发生，其主要作用是降低损失发生的概率，在许多情况下也能在一定程度上降低损失的严重性。在损失控制计划系统中，预防计划的内容最广泛、具体措施最多，包括组织措施、经济措施、合同措施、技术措施。

(2) 灾难计划。灾难计划是一组事先编制好的、目的明确的工作程序和具体措施，为现场人员提供明确的行动指南，使其在灾难性的风险事件发生后，不至于惊慌失措，也不需要临时讨论研究应对措施，可以做到从容不迫、及时妥善地处理风险事故，从而减少人员伤亡以及财产和经济损失。灾难计划的内容应满足以下要求：① 安全撤离现场人员；② 援救及处理伤亡人员；③ 控制事故的进一步发展，最大限度地减少资产和环境损害；④ 保证受影响区域的安全尽快恢复正常。灾难计划在灾难性风险事件发生或即将发生时付诸实施。

（3）应急计划。应急计划就是事先准备好若干种替代计划方案，当遇到某种风险事件时，能够根据应急预案对项目原有计划的范围和内容做出及时的调整，使中断的项目能够尽快全面恢复，并减少进一步的损失，使其影响程度减至最小。应急计划不仅要制定所要采取的相应措施，而且要规定不同工作部门相应的职责。应急计划应包括的内容有：调整整个项目的实施进度计划、材料与设备的采购计划、供应计划；全面审查可使用的资金情况；准备保险索赔依据；确定保险索赔的额度；起草保险索赔报告；必要时需调整筹资计划；等等。

三、电力工程项目风险监控

(一) 风险监控的主要内容

风险监控是指跟踪已识别的风险和识别新的风险，保证风险计划的执行，并评估风险对策与措施的有效性。其目的是考察各种风险控制措施产生的实际效果，确定风险减少的程度，监视风险的变化情况，进而考虑是否需要调整风险管理计划以及是否启动相应的应急措施等。风险管理计划实施后，风险控制措施必然会对风险的发展产生相应的效果，控制风险管理计划实施过程的主要内容包括：① 评估风险控制措施产生的效果；② 及时发现和度量新的风险因素；③ 跟踪、评估风险的变化程度；④ 控制潜在风险的发展、监测项目风险发生的征兆；⑤ 提供启动风险应急计划的时机和依据。

(二) 风险跟踪检查与报告

1. 风险跟踪检查

跟踪风险控制措施的效果是风险控制的主要内容，在实际工作中，通常采用风险跟踪表格来记录跟踪的结果,然后定期地将跟踪的结果制成风险跟踪报告,使决策者及时掌握风险发展趋势的相关信息,以便及时做出反应。

2. 风险的重新估计

无论什么时候,只要在风险控制的过程中发现新的风险因素,就要对其进行重新估计。除此之外,在风险管理的进程中,即使没有出现新的风险,也需要在项目的关键时段对风险进行重新估计。

3. 风险跟踪报告

风险跟踪的结果需要及时地进行报告,报告通常供高层次决策者使用。因此,风险报告应该及时、准确并简明扼要,向决策者传达有用的风险信息,报告内容的详细程度应按照决策者的需要而定。编制和提交风险跟踪报告是风险管理的一项日常工作,报告的格式和频率应视需要和成本而定。

第六章 电力工程监理

第一节 电力工程监理概述

一、性质和特点

电力工程监理目前按照工程的大小虽只由一个或几个人专职或兼职从事这方面工作，但它已成为工程监理队伍中不可或缺的组成部分。按专业内容分强电、弱电两部分，目前仍以强电工程监理为主。

电力工程监理如何保证施工单位的施工质量及确保工程建设前后的安全生产是建设项目在施工过程中面临的主要问题，也是检验施工单位管理水平和组织水平的重要内容。

电力工程监理的目的就是要监督施工单位在项目的设计、施工及建成后的使用与维修阶段均贯彻安全生产、高效施工的原则，建立项目施工过程中的环境保护措施，防止对大气、水环境的污染，对施工单位工人进行环保技能培训，提高自我防范意识，杜绝施工事故的发生。同时，监理人员同样肩负着重大的责任，需对各主要工序的施工、建设进行全方位监督管理，并最终进行建设项目验收，以便于随时发现、解决问题。

(一) 性质

电力工程实施监理非常必要，也十分重要，原因在于以下几点：

1. 经济体制的改变

市场经济一改过去以电力工程单位为主导的监督机制，克服其原有多种弊病、缺陷的同时，也急需一个客观的第三方公正、独立、自主地开展监督工作。

2. 内外关系的协调配合

随着电力工程自身管理体制的完善、进步和现代化，也随着众多新技术进入电力工程及施工领域，电力工程施工监理变得日益重要。高新技术的大量涌进，门类众多的学科渗透，特别需要有专门机构来处理各单位间、各专业间、各技术间的内网协调与配合。

3. 电力工程市场的规范运作

电力工程市场混乱所造成的教训，使我们更应严肃正确地管理机制的运行。这种规范的市场化运作方式既是监理工作的前提，也是电力工程市场规范化的保障。

4. 管理与国际的接轨

加入"WTO"，全球建设投资纷至沓来，我们也将面向世界承担对外工程。这就需要我们采用国际上惯用的电力工程监理制度来保证工程的正常运作和质量优良。

（二）特点

电力工程监理作为工程监理的一个专业分支，与之既有联系，又有区别，重点在于两者关系的处理。

1. 与建设监理的协调

彼此根本目的一致，但又有分工，各有侧重，而且要互相补充、完善。

2. 与设备供应、系统安装以及工程设计单位的协调

除与业主的关系被公认为需要重点协调的对象外，对于电力工程，尤其是电力智能化工程，往往设备、器材供应商多，彼此自成体系，不少国外厂商的施工专业性强，工程技术含量高，更需要电力监理人员来协调处理业主、承建方和供应商之间监理和被监理的关系。

二、内容与措施

（一）工作内容

现阶段工程监理均指工程建设阶段的监理。即项目已经完成施工图的设计，并完成招标、签订合同后，电力监理工作人员根据本专业的特点，就施工单位在某施工阶段按投资额完成全部工程任务过程所实施的，围绕工程质量控制、进度控制和造价控制而展开的对工程建设的监督和控制。

施工阶段监理人员工作的主要内容是：

(1) 协调建设单位与承建单位编写开工报告。

(2) 确认承建单位选择的分包单位。

(3) 审查承建单位提出的施工组织设计、施工技术方案和施工进度计划，提出改进意见。

(4) 审查承建单位提交的材料和设备清单，及其所列出的规格与质量。

(5) 督促、检查承建单位严格执行工程承包合同和相关的工程技术标准、规范。

(6) 调解建设单位与承建单位之间的争议。

(7) 检查工程使用的材料和设备的质量。

(8) 检查安全防护设施，监督施工的安全作业。

(9) 检查工程进度和施工质量，验收分部、分项工程并签署工程款支付证书。

(10) 监督整理合格文件和技术资料及时归档。

(11) 组织设计单位和承建单位进行工程竣工初步验收，提交竣工验收报告。

(12) 审查工程结束。

(二) 工作措施

电力监理工程师在施工监理中工作内容主要有以下几个方面：

(1) 旁站监理。

(2) 测量及试验。

(3) 严格执行监理程序。

(4) 指令性文件。

(5) 工地会议。会议的主要内容是由总监理工程师和专业监理工程师进行如下监理交底：

① 执行持证上岗制度，检验电力施工人员的上岗证或特种作业人员操作证。

② 认真读懂电力施工图纸，书面记下各项疑难问题，在设计交底会上逐个解决。

③ 严格执行电力工程安装质量若干规定，将电力施工方案及书面的技术交底资料等，交电力监理工程师审阅。

④ 按照参加监理例会（工地会议），汇报工程进度、工程质量及存在的有关问题。

⑤ 按照工程项目监理工作管理规定的工作程序，及时办理报验手续。

⑥ 按照电力安装工程施工技术资料管理规定，对施工技术资料管理的要求，整理竣工验收资料，严格隐蔽工程报验制度，工程施工技术资料应随施工进度及时整理，项目齐全、记录准确、真实。

⑦ 材料、器材和设备的加工、订货，应由电力监理工程师进行质量认定。

⑧ 有关设计变更与洽商，应有设计、施工、监理单位各方的签认，未经监理工程师签认不得施工。

⑨ 为便于电力监理工程师对工程投资进行控制，应将中标的合同造价（电力安装工程的工程概算）交监理工程师备查。工程项目付款申报时，应填写月工程计量申报表，由电力监理工程师进行核定。

⑩ 在第一次监理工作交底的会议上，未尽事宜，会后应加以补充完善。

(6) 停止支付权。

(7) 约见承建单位。

(8) 专家会议。

(9) 计算机辅助管理。

三、问题

(1) 建设项目的设计、施工及建成后的使用与维修是电力工程监理的重要组成部分，但由于目前不完善的监理执业管理制度、不具备执业资格证书的监理人员以及监理人员主要为临时聘用或流动性较大等因素，导致我国现阶段电力监理工作大多局限于电力施工阶段监理。可见，未全面推行电力工程建设全过程监理是决定项目的使用功能、结构安全和投资效益的主要因素之一。

(2) 目前的电力监理大都是依权取材，距离职业监理人的要求还有很长的路要走，施工单位认为监理人员无权对其工作流程、内容、制度等问题进行干预，只需确保施工现场的工程实体质量。可见，对电力工程监理的定位存在认识误区也是电力工程监理存在的主要问题之一。

（3）由于工程监理属于新兴行业，对于监理人员的培训显得格外重要，但目前我国此方面的培训缺乏系统性、专业性，大多数培训机构也只是为考证而培训，导致培训内容太固定、知识面不够开阔，并缺乏与法律知识、经济等综合系统的培训，造成监理培训工作的浪费。

（4）电力监理的市场行为缺乏规范性。根据相关法律规定，电力工程监理技术人员应具备从事该项工作的资质证书，并在资质许可的范围内从事相关业务，严禁对资质以外的业务进行越级监理。但在电力工程监理过程中，挂靠监理证照和转包工程监理项目等现象时有发生，从而阻碍了工程监理的发展，使得工程监理在施工管理中的重要作用没有得到良好的发挥。

（5）电力工程监理不具有独立法人的地位，而是属于政府部门某一组织或某事业单位，正是由于监理单位的这一特点，导致工程监理投招标过程中存在很多裙带关系，加上工程监理的市场行为缺乏规范性，暂时没有相关法律来进行约束，一直未形成科学严谨的投招标工作机制，导致监理市场较为混乱。

四、安全性与重要性

在具体的电力工程建设中，电力监理工程师发挥了非常关键的作用。电力监理工作除了能够使工程项目建设实现良好的运行，同时还能够提升工程本身的安全性。就现阶段而言，我国电力工程建设频频发生工程事故，导致工程事故频发的主要原因是电力工程建设管理之中出现了制度执行力度疲软、管理人员管理不规范等问题。上述这些现象都对电力工程建设产生了十分不利的影响，并导致出现了完工率不足、项目建设进度缓慢等问题，为了有效地解决上述问题，就必须充分地重视监理工作的重要性。

（一）电力安全监理简述

在具体的电力工程建设中，安全监理工作具有非常关键的作用，其主要指的是在工程项目建设与施工中针对其中的环境因素、机械因素和人力资源因素等实施全方位的监督、监控与分析。同时，在上述工作的基础之上，通过技术手段、行政手段、法律手段和经济手段等途径，对施工单位进行全面督促，使其能够严格遵守我国的各种法律法规，避免在项目工程的建设或施工过程中发生一系列盲目性问题，从而能够最大程度地降低建设或者施工风险，全面地提升电力工程建设的效益和安全性。

安全监理工作的目的就是在工程或者施工中使施工单位严格遵照安全生产原则进行生产，还要全面地监督和指导职工单位，使其在标准化的组织设计基础上，在工程项目中全方位贯彻和执行各项安全技术措施，能够尽可能地将各种不安全隐患消除，做到安全施工和安全生产。

电力工程安全监理虽然和一般工程监理有着一定的相同点，但两者还是存在着较大的不同，例如，电力建设工程安全监理除了要严格按照业主方的要求对工程项目的施工技术水平和施工质量进行有效监督之外，还要全面监督项目施工中各种费用的使用情况、施工进度的情况、安全技术的落实情况、机械设备的使用情况等，还要监督上级部门工作人员生命的安全。

(二) 监理实施中的必要性与对策加强

在具体的电力工程项目中，监理人员除了可以督促、协调和保障工程项目的建设与施工之外，还能够使工程项目的管理水平变得更高。对于电力建设工程而言，电力工程监理不仅能够在工程建设产生较强的监督作用、保证作用、协调作用、预防作用，同时能够有效地提升电力企业和电力工程建设中的管理效果。

进行电力工程安全监理，主要是在工程中严格执行和贯彻我国在电力安全生产方面的相关技术标准，并且全面落实安全监理的责任。在这里，我们必须注意的是，监理人员要明确地了解和认识到自身在电力工程项目建设中不同环节和阶段的相应责任和权利，并且明确自身的权限和义务。

(1) 明确电力建设项目安全监理的主要依据。

电力建设项目安全监理的主要依据一般有以下几点：

① 关于电力建设图纸以及建设说明书的设计文件。

② 电力工程招投标书。

③ 建设单位和承包单位签订的建设合同。

④ 安全监理实施细则。

⑤《安全监理手册》。

⑥当地政府下达的关于安全生产的法律法规等。

相关的电力工程监理单位在执行监理的权利时，必须明确其安全监理的依据，对电力工程的建设各个方面实施监督。

(2) 明确电力建设项目安全监理的内容。

电力建设项目安全监理的内容可以分为以下几点：

①在项目监理机构中构建总监理工程师负责制，并同时设置相关的安全监理工程师。

②对施工组织以及施工指导文件展开深入的审查，其主要的审查内容是相关承包单位的安全管理体系以及安全相关的技术措施，同时对工程管理文件也进行审查。

③对承包建设单位的相关资质进行检查，在电力工程中，会存在较多的特殊工种，因此，监理单位可以对这些人的上岗证书进行检查。

④对安全培训的相关情况进行彻底的检查。

⑤监理单位应对施工现场进行巡检工作，同时也可以采取相关的考核。

第二节　电力工程监理的做法及要点

一、做法

工作作法概括起来为"三控、两管、一协调"，分述如下：

(一) 质量控制

质量控制是整个监理工作中占极大比重的工作。其工作要点为：

(1) 电力安装工程施工单位的资格审查。

①从事电力工程的施工单位，必须持有电力主管部门颁发的"供、用电工程施工许可证"，其资格和能力应与承包工程的规模和技术相适应。

②工程项目技术负责人，应由具有助理工程师以上技术职称的人员担当，并经考核合格。

③消防工程(含火灾报警系统)施工单位，必须持有建设主管部门的施

工单位资质等级证书和消防部门颁发的消防工程施工许可证。

④ 电梯、通信、有线电视电缆等专业安装单位，须持有建设主管部门颁发的与安装范围相一致的安装许可证。

（2）设计文件的复核、优化与设计变更、洽商。

① 开工前，电力监理和电力安装工程单位应及时组织有关人员设计交底，此前应组织有关人员熟悉电力施工图纸，了解工程特点及工程关键部位的质量要求。施工单位应将图纸中影响施工、质量及图纸差错汇总，填写图纸会审记录，提交设计单位在设计交底时协商研究统一意见。对影响工程质量、影响今后的使用功能及不合格的设计，监理单位应要求有关单位进行修改设计。

② 设计单位下发的"设计变更"，须有建设单位的签认，并通知监理工程师（送复印件）。

③ 建设单位与承建单位之间的"工程洽商"，除需要经设计人同意外，未经监理工程师签认，不得施工。

（3）电力施工方案的审批。

（4）电力安装工程所需材料、器件与设备的认定。

（5）现场检查。

（6）工程报验。

① 认真审查、预检工程检查记录与隐蔽工程检查记录。

② 预检以下项目并作记录：第一，明配管（包括能进入的吊顶内配管）的品质、规格、位置、标高、固定方式、防腐、外观处理等；第二，变配电装置的位置；第三，高低压电源进线口方向、电缆位置、标高等；第四，开关、插座、灯具的位置；第五，防雷接地工程。

③ 检查以下项目的品种、规格、位置、标高、弯度、连接、焊接、跨接地线、防腐、需焊接部位的焊接质量、管盒固定、管口处理、敷设情况、保护层及其他管线的位置关系，并作记录。记录内容主要包括：

第一，埋在结构内的各种电线导管。

第二，利用结构钢筋做的避雷引下线。

第三，接地极埋设与接地带连接处；均压环、金属门窗与接地引下线的连接。

第四，不能进入吊顶内的电线导管及线槽、桥架等敷设。

第五，直埋电缆。

(7) 分项验收。以下系统在做系统调试后，应进行分项验收，并做好"报验"与"认可"手续：

① 电力照明系统附电力绝缘电阻测试记录、电力照明器具通电安全检查记录、电力照明试运行记录。

② 广播、通信系统。

③ 电缆电视系统。

④ 火灾报警系统。

⑤ 消防供水稳压系统，附动力试运行记录。

⑥ 通风、空调系统，附动力试运行记录。

⑦ 防雷、接地系统，附电力接地装置安装平面示意图、电力接地电阻测试记录。

⑧ 电梯安装工程，附电梯安装工程施工技术全套资料。

⑨ 变配电系统。

⑩ 楼宇自控系统。

⑪ 保安监控系统。

(8) 分部工程验收。

(9) 监立通知与备忘录。

① 凡在施工过程中存在影响工程质量与工程进度的做法，以及不符合工艺要求之处，一旦发现，除应通知电力工长立即改正外，还应以书面形式下发"监理通知"，以此作为告诫的依据。

② 凡在工程建设监理过程中存在一些影响工程质量与进度的问题，若与建设单位有关，应以"备忘录"形式通知建设单位，说明问题，请有关方面予以关注。

(二) 进度控制

进度控制的主要内容包括以下方面：

1. 施工前进度控制

(1) 确定进度控制的工作内容和特点，控制方法和具体措施，进度目标实现的风险分析，以及还有哪些尚待解决的问题。

（2）编制施工组织总进度计划，对工程准备工作及各项任务做出时间上的安排。

（3）编制工程进度计划，重点考虑以下内容：

① 所动用的人力和施工设备是否能满足完成计划工程量的需要。

② 基本工作程序是否合理、实用。

③ 施工设备是否配套，规模和技术状态是否良好。

④ 如何规划运输通道。

⑤ 工人的工作能力如何。

⑥ 工作空间分析。

⑦ 预留足够的清理现场时间，材料、劳动力的供应计划是否符合进度计划的要求。

⑧ 分包工程计划。

⑨ 临时工程计划。

⑩ 竣工、验收计划。

⑪ 可能影响进度的施工环境和技术问题。

（4）编制年度、季度、月度工程计划。

2. 施工过程中进度控制

（1）定期收集数据，预测施工进度的发展趋势，实行进度控制。进度控制的周期应根据计划的内容和管理目的来确定。

（2）编制施工组织总进度计划，对工程准备工作及各项任务做出时间上的安排。

（3）及时做好各项施工准备，加强作业管理和调度。在各施工过程开始之前，应对施工技术物资供应、施工环境等做好充分准备。应不断提高劳动生产率，减轻劳动强度，提高施工质量，节省费用，做好各项作业的技术培训与指导工作。

3. 施工后进度控制

施工后进度控制是指完成工程后的进度控制工作，包括组织工程验收，处理工程索赔，工程进度资料整理、归类、编目和建档等。

(三) 投资控制

电力施工阶段的投资控制主要是造价控制，其主要内容是工程量的计算量与竣工结算的审核。工程造价控制的原则是：

(1) 应严格执行甲、乙双方签订的建筑工程施工合同所确定的合同价、单价和约定的工程款支付方法。

(2) 应坚持在报验资料不全、与合同文件的约定不符、未经质量签认合格或有违约的不予审核和计量 (但可在协商情况下，预付一部分)。

(3) 对有争议的工程量计量和工程款，应采取协商的方法确定，在协商无效时，由总监理工程师做出决定。

(4) 竣工结算、工程竣工、经建设单位、设计单位、监理单位、承建单位验收合格后，承办单位应在规定的时间内，向项目监理部提交竣工结算资料，电力监理工程师应及时对所报结算资料中的电力部分进行审核，并与承包单位、建筑单位协商和协调，提出审核意见。

(5) 工程量计量。电力监理工程师对承包单位申报的月完成工程量报审表审核 (必要时应与承包单位协商)，所计量的工程量应经总监同意后，由电力监理工程师签认。

(四) 合同管理

(1) 对电力监理，主要是设计变更、洽商的管理。

① 设计变更、洽商无论是由谁提出和谁批准，均须按设计变更、洽商的基本程序进行管理。

② 《设计变更、洽商记录》须经监理单位签认后，承办单位方可执行。

③ 《设计变更、洽商记录》的内容应符合有关规范、规程和技术标准。

④ 《设计变更、洽商记录》填写的内容必须表述准确、图示规范。

⑤ 设计变更、洽商记录的内容，应及时反映在施工图纸上。

⑥ 分包工程的设计变更、洽商应通过总承包单位办理。

(2) 设计变更、洽商的费用由承办单位填写《设计变更、洽商费用报审表》报项目监理部，由监理工程师进行审核后，总监师签认。

(3) 电力安装工程的分包合同，以及设备的订货合同等，均应将复印件交电力监理存档，以便监理人员能督促合同双方履行合同，并按合同的技术要求行事。

(五) 资料管理

实质上将彼此的信息交换存档保护。

1. 资料分类

(1) 施工组织设计、施工方案。

(2) 设计变更与洽商。

(3) 分包单位资格审查。

(4) 工程材料报验。

(5) 工程检验认可。

(6) 投资控制。

(7) 合同管理。

(8) 监理通知及备忘录。

(9) 来往信函及会议纪要。

(10) 质量事故处理资料。

2. 必完备的本专业资料

(1) 绝缘电阻测试记录。

(2) 接地电阻测试记录。

(3) 电力照明全负荷试运行记录。

(4) 动力 (电动机) 试运行记录。

(5) 电力设备安装和调整试验、试运转记录。

(6) 电梯安装工程质保资料应包括的项目。

① 空载、半载、满载和超载试运转记录。

② 调试试验报告。

③ 电力安装工程竣工验收证书和保修单，及建筑工程质量监督部门的质量监督核定书。

(7) 通信、电视等专业应按相应规范的规定要求办理。

(六) 组织协调

主要是在建筑方、承建施工方以及设计方三者间就上述五方面进行组织协调。

二、要点

几个关键阶段的实施要点分述如下：

(一) 图纸会审

1. 初审

施工前组织有关人员共同通读对图纸核实存在的问题，展开讨论，弥补设计中的不足，并由专业工程技术人员把问题逐一记录。

2. 内部会审

监理单位内各专业间对施工图纸共同审查，分析各专业工种间相关交接和施工配合矛盾，施工中的协作配合。

3. 综合会审

在内部会审的基础上，由建设单位、监理单位、施工单位与各分包施工单位共同对施工图进行全部综合的会审。一般建设单位负责组织，首先由设计单位进行设计交底。其次，由施工单位将初审或内部会审中整理归纳出问题——提出，与设计、监理、建设单位进行协商。专业之间的施工技术配合问题一并在该会上予以研究解决。

对于电力专业，一般情况的图纸会审重点为：

(1) 图纸及说明是否齐全，电力施工图的平面图与土建图及其他专业的平面是否相符。

(2) 图纸设计内容是否符合设计规范和施工验收规程的规定，是否完善了安全用电措施，施工技术上有无困难。

(3) 电力器具、设备位置尺寸正确与否，轴线位置与设备间的尺寸有无差错，设备与建筑结构是否一致，安装设备处是否进行了结构处理。

(4) 电力施工图与建筑结构及其他专业安装之间有无矛盾，应采取哪些安全措施，配合施工时存在哪些技术问题和解决措施。

（5）管路布置方式及管线是否与地面、楼（地面）及垫层厚度相符。配电系统图与平面图之间的导线根数、管径的标注是否正确。

（6）标准图、大样图的选用是否正确，标注是否一致，设计（施工）说明中的工程做法是否正确，与国家有关规定是否有矛盾。

（7）设计方案能否施工，使用的新材料和特殊材料的规划、品种能否满足要求；设计图纸中所选用的材料、设备必须是经过国家有关机构认证、鉴定、检测、合格的优良产品，能保障电力系统安全可靠、经济合理地运行。同时，不是国家"四部、三委、一局"公布的第一至第十七项中淘汰的机电产品。

（二）施工方案的审批

审查要点：

（1）基本要求：施工方案应有施工单位负责人签字；符合施工合同的要求；应由专业监理工程师审核后，经总监理工程师签认。

（2）施工布置是否合理，所需人力、材料的配备等施工进度计划是否协调。

（3）施工程序的安排是否合理。

（4）施工机械设备的选择应保证工程质量，避免对施工质量的不良影响。

（5）主要项目的施工方法是否合理；方法可行，符合现场条件及工艺要求；符合国家有关的施工规范和质量验收评定标准的有关规定；与所选择的施工机械设备和施工组织方式相适应；经济合理。

（6）质量保证措施是可靠，并具有针对性，质量保证体系是否健全（落实到人）。

（三）监理交底

1.监理技术交底的类型

监理技术交底共分为三种：

（1）设计交底。

（2）施工组织设计交底。

（3）监理交底。

2. 电力监理交底的要点

（1）持证上岗。

（2）认真读懂电力施工图纸，书面记下各项疑难问题，在设计交底会上逐点求得解决。

（3）严格执行电力安装质量的相关规定；将"电力施工方案"及书面的"技术交底"资料，交电力监理工程师审阅。

(四) 工程变更与技术核定

工程变更与技术核定分为：

（1）由施工单位提出的工程变更与技术核定。

（2）由设计单位提出的工程变更与技术核定。

（3）由建设单位提出的工程变更与技术核定。

(五) 智能化工程

监理构思和框架与强电工程基本一致，主要在于依据的规程、规范以及监理范围不同，且各部分监理范围随技术的发展变化很大，往往规程、规范滞后。这是特别要引起重视之处。

三、建议

(一) 健全制度、加强管理

（1）构建反馈制度。首先，电力工程监理单位在进行监理工作时，必须构建较为完善的信息反馈制度在现阶段，很多监理单位在电力工程监理中，构建了督查、巡查队伍，这些队伍的存在能够在电力工程建设的各个项目以及各类施工场地进行巡查。巡查队伍在获得施工单位和建设单位信任的同时，还能进一步约束监理人员守法从业，保证监理工作的良好进行。其次，同时进行健全培训和考核制度，不断提高工作人员的文化修养，积极开展组织行业内的学习、培训和交流工作，制定对项目监理人员的考核目标，实施奖励，增强监理人员的责任心。最后，在招标的过程中，必须严格按照相关规定和标准来执行，严格落实并执行各项法律法规，电力工程监理单位应借鉴国内外先进管理技术，切合自身实际制定规划目标和工作计划，保证监理工作能够顺利开展。

（2）构建较为完善的激励制度。就现阶段而言，我国电力工程监理成果评审工作之中，较多的单位存在评审考核标准缺乏科学性、严谨性，其评审考核体系考核结果误差较大等。同时凸显出来的问题是其评审技术力量欠缺、评审技术力量缺乏权威性、评审过程存在较大漏洞、评审的奖惩方式缺乏公允性。这两个问题的存在不仅会造成考核结果误差较大的问题，同时还能直接导致评审结果失去公平性、公正性，对工作人员产生不了鞭策和激励的作用。因此，相关电力工程监理单位应根据工程的实际情况，构建较为完善的激励机制，以求实现对评审效果的规范、使评审结果达到公平公正的目的。同时还可以构建完善的奖励机制，其嘉奖的对象是在整个电力工程监理工作之中有着突出表现的工作人员，评审考核标准的制定以及奖励机制的构建，能够有效提升员工的工作积极性，以达到安全生产的目的。

（二）加强监理的力度和质量控制

首先，从提高工作质量入手做好质量控制，比如主要材料进场要具备出厂合格证和材质化验单，对有瑕疵的不符合质量标准的材料要严禁入场，对于物料配比要进行科学严谨的计算。其次，工程监理单位要组织有经验的人员对工程图纸进行严格审查，确保施工单位施工方案的科学性、合理性和规范性。

（三）加强监理和建设单位行风建设

监理单位作为电力工程项目施工管理的监督部门，首先应建立、完善各项规章制度，明确施工过程中各项职责归属、施工标准等内容，规范企业市场行为，同时可开拓海外市场，洞察市场发展潮流，利用自身优势引进人才，实现以电力工程监理服务为目标的多元化经营。

其次，为了有效降低电力工程监理工作开展期间存在的问题，不仅要建立非常公平的外部竞争环境，提升监理行业发展的稳定性，还应该站在整体的发展角度上，立足长远目标，加大自身实力建设力度，全面提升服务水平和质量。再次，在发展过程中，人才是技术服务的核心和基础，因此，在监理单位的发展中，应该从制度以及手段等方面着手，保证可以吸引更多的高水平、高素质人才，从而为监理工作的顺利进行奠定基础。最后，监理单位还应该设立核心技术管理制度，总结以往经验，积极探索适用于监理工作的高科技手段及监理方式，并且强化自身的内部管理体系建设，建立中心数据库，保证在提升服务水平的同时，还可以进一步提升电力工程监理工作效率。

监理单位受托于建设单位，代表建设单位的利益，应认真执行各项条例，保持与建设单位立场的一致性，协助建设单位完善电力建设过程中的各项制度。

(四) 提升电力工程监理市场的规范化

现阶段，虽然我国也加大了实力型监理公司转向项目管理企业的力度，但是由于受到政策法规以及监理单位自身实力等因素的干扰和影响，使得监理工作的开展一直无法得到有效提高。因此，为了可以更好地解决电力工程监理工作的现状，应该加大相关政策的推进力度，不断提升单位自身的实力，保证后续的监理工作可以有序进行。此外，在电力工程监理工作开展期间，还应该通过试点的方式，对项目管理方式等进行深入研究，保证相应的法规体系可以得到完善，从而进一步提升电力工程监理工作的标准化、规范化以及制度化，进而为电力工程相关工作服务。

对于电力工程监理工作的现状，在实际的工作开展期间，应该加大对技术服务市场准入政策的推行力度，最大限度地防止资质不高的监理单位进入市场中，影响电力工程监理工作的有序进行。同时，在电力工程监理工作开展的过程中，还应该积极引进以及应用先进的技术和手段，提升技术服务的质量，保证工作开展可以具有较强的公平性以及可靠性，从而进一步促进电力工程管理以及工程技术水平的提升。

(五) 全面提高监理工作的公平性

在电力工程建设项目开展期间，其管理工作主要可以分为两部分，分别是业主管理和监理工程师监理。在实际的工作开展过程中，为了尽可能地避免相关问题出现，应该对业主以及监理工程师进行合理的分工，确保监理工程师可以更好地履行自身职责，有效避免两者之间出现矛盾的情况。同时，在具体工作进行的时候，业主应该对监理人员进行充分授权，让其可以负责监理工作范围内的各项任务，保证可以从根本上提升履行电力工程建设合同义务的积极性。此外，对于施工合同中的设计方等，也应该加大监理，保证工程建设各项事务的公平性以及合理性，从而为电力工程监理工作的开展营造一个良好环境，进而推动电力工程建设进程。

第三节　质量评定验收

一、依据的标准

(一) 工程建设监理的主要法规

我国工程建设监理的法律、法规体系的框架由法律、行政法规、地方性法规、部门规章、政府规章、规范性文件和技术规范等组成。

(二) 电力专业常用规范、标准

《0.2S 级与 05S 级静止式交流有功电度表》(GB/T 17883–2019)

《0.5、1 与 2 级交流有功电度表》(GB/T 17215.311–2019)

《工业循环冷却水及水垢中铜、锌测定 原子吸收光谱法》(GB/T 14637–2019)

《工业循环冷却水中钙、镁含量测定 原子吸收光谱法》(GB/T 14636–2019)

二、工程质量的评定登记

(一) 分项工程的质量等级

1.合格

(1) 保证项目必须符合相应质量检验评定标准的规定。

(2) 基本项目抽检的处 (件) 应符合相应质量检验评定标准的合格规定。

(3) 允许偏差项目抽检的点数中，建筑工程有 70% 及以上、建筑设备安装工程有 80% 以上的实测值，应在相应质量检验评定标准的允许偏差范围内，其余的实测值也应基本达到相应质量检验评定标准的规定。

2. 优良

(1) 保证项目必须符合相应质量检验评定标准的规定。

(2) 基本项目每抽检的处 (件) 应符合相应质量检验评定标准的合格规定，其中有 50% 及以上的处 (件) 符合优良标准，该项即为优良；优良项数应占检验项数 50% 及以上。

(3) 允许偏差项目抽检的点数中，有 90% 及以上的实测值，应在相应质量检验评定标准的允许偏差范围内，其余的实测值也应基本达到相应质量检验评定标准的规定。

(二) 分部工程的质量等级

1. 合格

所含分项工程的质量全部合格。

2. 优良

所含分项工程的质量全部合格，其中有 50% 及以上为优良。

(三) 单位工程的质量等级

1. 合格

(1) 所含分部工程的质量全部合格。

(2) 质量保证资料应基本齐全。

(3) 观感质量的评定得分率应达到 70% 及以上。

2. 优良

(1) 所含分部工程的质量应全部合格，其中有 50% 及以上优良，建筑工程必须含主体和装饰分部工程；以建筑设备安装工程为主的单位工程，其指定的分部工程必须优良。如锅炉房的建筑采暖卫生与煤气分部工程，变、配电室的建筑电气安装分部工程，空调机房和净化车间的通风与空调分部工程等。

(2) 质量保证资料应基本齐全。

(3) 观感质量的评定得分率应达到 85% 及以上。

三、工程质量的验收

(一) 验收的规定

(1) 施工质量应符合《建筑工程施工质量验收统一标准》(GB50300-2013) 和相关验收规范的规定, 并符合勘察、设计文件的要求。

(2) 参加工程施工质量验收的各方人员应具备规定的资格。

(3) 验收均应在施工单位自行检查评定的基础上进行。

(4) 隐蔽工程在隐蔽前应由施工单位通知有关单位 (监理、建设单位) 进行验收, 并形成验收文件。

(5) 涉及结构、安全的试块、试件以及有关材料, 应按规定进行见证取样检测; 承担见证取样检测及有关结构、安全检查的单位应具有相应的资质。

(6) 对设计结构、安全和使用功能的重要分部工程应进行抽样检测。

(7) 工程的观感质量应由验收人员通过现场检查, 并应共同验收。

(8) 检验的质量应按主控项目和一般项目验收。

(二) 验收的标准

(1) 检验批质量合格。

(2) 分项工程质量合格。

(3) 分部工程质量合格。

(4) 单位工程质量合格。

四、电力工程验收程序与内容

(一) 程序

电力工程项目工程的验收不是一蹴而就的, 而是需要有一个完善的程序, 这样才能保证整个工程项目的质量。一般来说, 工程验收需要经过准备、初步验收和正式验收三个部分。

1. 验收准备

验收准备主要指的是在工程完成后，为了迎接验收工作，工程项目的负责承建单位就工程的一系列建设项目的设计文件、工程效果图进行核实和准备，并就工程收尾阶段的一些细节进行再处理，争取使得工程的所有环节都达到预期的标准。验收准备建设项目全部完成，经过各单位工程的验收，符合设计要求，经过工程质量核定达到合格标准。施工单位要按照国家有关规定整理各项交工文件及技术资料，工程盘点清单、工程决算书、工程总结等必要文件资料，提出交工报告；建设单位（监理单位）要督促和配合施工单位，设计单位做好工程盘点，工程质量评价，资料文件的整理，包括项目可行性研究报告，项目立项批准书，土地、规范批准文件，设计任务书，初步（或扩大初步）设计，概算及工程决算等。建设单位要与生产部门做好生产准备及试生产，整理好工作情况及有关资料，对生产工艺水平及投资效果进行评价并形成文件等。同时，组织人员进行竣工资料整理，绘制竣工图，编制竣工决算，起草竣工验收报告等各种文件和表格，分类整理，装订成册，制订验收工作计划等。这是搞好竣工验收的基础，要有专人负责组织，资料数据要准确真实，文件整理要系统规范。专业部门城建档案有规定的，要按其要求整理。

在验收准备阶段，主要工作就是文字材料的报备和工程最后细节的勘察。

2. 初步验收

初步验收的目的是就工程项目的整体性做一个了解，并就其主要的方面做一个核实，然后按照合同内容和设计标准对工程提出一些简单的修改措施，使其更符合验收标准。初步验收（预验收）建设项目正式召开验收会议之前，由建设单位组织施工，设计、监理及使用单位进行预验收。可请一些有经验的专家参加，必要时也可请主管部门的领导参加。检查各项工作是否达到了验收的要求，对各项文件、资料认真审查，这是验收的一个重要环节。经过初步验收，找出不足之处，进行整改。然后由建设项目主管部门或建设单位向负责验收的单位或部门提出竣工验收申请报告。简单来说，初步验收就是工程的一个简单了解过程，也是指导和修改的主要阶段。完成初步验收，并且通过整改之后，就要进行正式验收。

3. 正式验收

正式验收就是按照验收范围和验收依据对电力工程进行系统完整的细则考核，最终确定工程的质量标准，为工程的使用增添强有力的保证。正式验收主管部门或负责验收的单位接到正式竣工验收申请和竣工验收报告书后，经审查符合验收条件时，要及时安排组织验收。组成有关专家、部门代表参加的验收委员会，对《竣工验收报告》进行认真审查，然后提出《竣工验收鉴定书》。

竣工验收报告书是竣工验收的重要文件，通常应包括以下内容：

(1) 电力建设项目总说明。

(2) 技术档案建立情况。

(3) 电力建设情况。包括：建筑安装工程完成程序及工程质量情况；试生产期间（一般3~6个月）设备运行及各项生产技术指标达到的情况；工程结算情况；投资使用及节约或超支原因分析；环保、卫生、安全设施"三同时"建设情况；引进技术，设备的消化吸收，国产化替代情况及安排意见等。

(4) 效益情况。项目试生产期间经济效果与设计经济效果比较，技术改造项目改造前后经济效果比较；生产设备、产品的各项技术经济指标与国内外同行业的比较；环境效益、社会评估；本项目中合用技术、工业产权、专利等作用的评估；偿还贷款能力或回收投资能力评估等。

(5) 外商投资企业或中外合资企业的外资部分，有会计事务所提供的验资报告和查账报告；合资企业中方资产有当地资产部门提供的资产证明书。

(6) 存在和遗留问题。

(7) 有关附件。竣工验收报告书主要附件包括以下内容：

① 竣工项目概况一览表。主要包括：建设项目名称，建设地点、占地面积，设计（新增）生产能力，总投资，房屋建设面积，开竣工时间，设计任务书，初步设计，概算，批准机关，设计、施工、监理单位等。

② 已完成单位项目一览表。主要内容：单位工程名称、结构形式、工程量、开竣工日期、工程质量等级，施工单位等。

③ 未完成工程项目一览表。包括工程名称、工程内容，未完成工程量，投资额、负责完成单位、完成时间等。

④ 已完设备一览表。主要是设备名称规格、台数、金额等，引进和国

产设备分别列出。

⑤应完未完设备一览表。主要是设备名称、规格、台数、金额，负责完成的单位及完成时间等。

⑥竣工项目财务决算综合表。

⑦概算调整与执行情况一览表。

⑧交付使用(生产)单位财产总表及交付使用(生产)财产一览表。

⑨单位工程质量汇总项目(工程)总体质量评价表。主要内容：每个单位工程的质量评定结果，主要工艺质量评定情况；项目(工程)的综合评价，包括室外工程在内。

(二) 内容

电力工程项目的验收，主要包括两方面的内容：一方面是竣工验收报告书，另一方面是竣工验收报告书的主要附件。

竣工验收报告是竣工验收阶段最为重要的文件，主要包括以下几方面的内容：首先是电力工程的总体概况说明，这是对工程的一个情况简介，在验收报告里必不可少。其次是电力工程建设中技术档案的建立情况。这部分内容的主要目的是对工程的施工技术进行建档，可以考察技术的熟练性。除去上述两部分内容，竣工验收报告里还包括工程建设的基本情况，如工期的设置以及工程进度都要在其中有所体现。除此以外，工程投资情况、工程中的用料情况以及工程验收中出现的遗漏问题等都要在验收报告里得到完整的体现。这样的验收报告才能准确地反映工程情况。

竣工验收报告书的主要附件也是电力工程验收必须提交的内容。电力工程验收报告的主要附件名称在验收报告书里都要进行系统、全面的罗列。验收报告书的主要附件内容主要包括：首先是工程项目的一览表，其中有项目名称、地点、时间等要素。除去工程项目的一览表外，对于工程项目的已完成项目和未完成项目也要进行系统的报备。其次，对于工程的设备情况一览表(也是主要附件)，需要进行系统整理。最后，工程财务决算综合表、概算调整与执行情况等，都需要在验收报告书中以主要附件有所体现。

五、电力工程项目的竣工验收

(一) 验收范围

电力工程项目的竣工验收有一个确定的范围，即凡是按照批准的设计文件和合同内容建成的基本建设项目，都在验收范围之内。在竣工验收中，凡是在验收范围之内的项目须都要进行验收工作，而且要按照验收标准及时地组织验收，移交固定资产的使用手续。可以这样说，电力工程项目的验收范围是由设计文件和合同内容所决定，所以在验收工程时，按照设计文件和合同内容中的建设项目进行验收工作即可。

(二) 隐蔽工程验收

电力安装中的埋设线管、直埋电缆、接地等工程在下道工序施工前，应由监理人员进行隐蔽工程检查验收，并认真办理好隐蔽工程验收手续。隐蔽工程记录是以后工程合理使用、维护、改造、扩建的一项主要技术资料，必须纳入技术档案。

(三) 分项工程验收

电力工程在某阶段工程技术，或某一分项工程完工后，由监理单位、建设单位、设计单位进行分项工程验收。电力安装工程项目完成后，要严格按照有关的质量标准、规程、规范进行交接试验、试运转和联动试运行等各项工作，并做好签证验收记录，归入工程技术档案。

(四) 竣工验收

工程正式验收前，由施工单位进行预验收，检查有关的技术资料、工程质量，发现问题并及时做好处理。竣工验收工作应由建设单位负责组织，根据工程项目的性质、大小，分别由设计单位、监理单位、施工单位以及有关人员共同进行。

电力工程项目工程的验收工作不是凭空进行，而是按照依据来进行。电力工程项目的验收依据是批准的设计任务书、初步设计、技术设计文件、施工图等一系列与工程设计质量标准有关和在工程责任范围内的文件。验收依据是验收工作要进行的一个重要凭证，因为工程的施工标准、工程设计以及工程效果图都是影响验收结果的重要因素，只有用这些依据作参考，工程各个方面的质量标准才会有一个完美的体现。也只有在有据可循的情况下，工程的质量才能在验收过程中达到最标准的评判。可以说，验收依据是工程验收最为关键的环节。

1. 验收依据

(1) 甲、乙双方签订的工程合同。

(2) 上级主管部门的有关文件。

(3) 设计文件、施工图纸和设备技术说明及产品合格证。

(4) 国家现行的施工验收技术规范。

(5) 建筑安装工程设计规定。

(6) 国外引进的新技术或成套设备项目，还应按照签订的合同和国外提供的设计文件等资料进行验收。

2. 验收标准

(1) 工程项目按照合同规定和设计图纸要求已全部施工完毕，达到国家规定的质量标准，能够满足使用要求。

(2) 设备调试、试运行达到设计要求，运转正常。

(3) 施工场地清理完毕，无残存的垃圾、废料和机具。

(4) 交工所需的所有资料齐全。

(五) 交接验收

(1) 施工单位向建设单位提供的资料。

① 分项工程竣工一览表，包括工程的编号、名称、地点、建筑面积、开竣工日期及简要工程内容。

② 设备清单，包括电力设备名称、型号、规格、数量、重量、价格、制造厂及设备的备品和专用工具。

③ 工程竣工图及图纸会审记录，在电力施工中，如设计变更程度不大时，则以原设计图纸、设计变更文件及施工单位的施工说明作为竣工图；设计变更较大时，要由设计单位另绘制安装图，然后由施工单位附上施工说

明，作为竣工图。

④ 设备、材料证书，包括设备、材料（包括半成品、构件）的出厂合格证（质量鉴定书）及说明书，试验调整记录等。

⑤ 隐蔽工程记录，隐蔽工程记录须有监理、建设单位签证。

⑥ 质量检验和评定表，施工单位自检记录及质量监督部门的工程项目检查评定表。

⑦ 整改记录及工程质量事故记录，分别记录设备的整理变更及质量事故的处理。

⑧ 情况说明，安装日记，设备使用或操作注意事项，合格化建议和材料代用说明签证。

⑨ 未完工程的明细表，少量允许的未完工程需列表说明。

（2）建设单位收到施工单位的通知或提供的交工资料后，应按时派人会同施工单位进行检查、鉴定和验收。

（3）进行单体试车、无负荷联动试车和有负荷联动试车，应以施工单位为主，并与其他工种密切配合。

（4）办理工程交接手续，经检查、鉴定和试车合格后，合同双方签订交接验收证书，逐项办理固定资产的移交，根据承包合同规定办理工程结算手续，除注明承担的保修工作内容外，双方的经济关系与法律责任可予解除。

六、竣工验收质量评价

竣工验收中的质量评价工作是竣工验收的重要内容，这关系着工程的质量等级和使用情况。所以在质量评价工作中，要做好以下几方面的工作：

（1）要做好每一个单位工程质量的评价工作，因为整体工程的质量评价是由个体工程质量的综合性来判断，所以个体评价要准确。

（2）要做好工程环境的质量综合评价，工程质量与环境也有密切关系，做好周边环境的质量评价，有利于实现工程的综合评价。

（3）要对工程中的施工工艺等情况进行质量评价。施工工艺也决定着工程的质量安全，所以做好施工工艺方面的评价，对于正确评价电力工程的工程项目有积极意义。

电力工程是现在工程项目中的重要内容，高质量的电力工程项目对于支持国家经济发展发挥着更为重要的作用。所以为了保证工程项目的质量，严把质量关，一定要在工程验收环节严格把控，杜绝有安全隐患的工程投入社会生产当中。要做好工程验收工作，一定要严格按照工程验收的程序，认真严谨地做好每一项工作，对于验收的内容一定要慎重仔细，确保不出现因为疏忽而造成验收质量问题。

参考文献

[1] 中国建筑设计研究院. 装配式建筑电气设计与安装 [M]. 北京：中国计划出版社，2020.

[2] 侯音，董娟. 建筑设备安装识图与施工工艺 [M]. 北京：北京理工大学出版社，2022.

[3] 刘介才. 供配电技术 (第 4 版)[M]. 北京：机械工业出版社，2020.

[4] 王朗珠，陈书. 供配电一次系统 [M]. 重庆：重庆大学出版社，2019.

[5] 雍静，杨岳. 供配电技术 [M]. 北京：机械工业出版社，2021.

[6] 钱卫钧. 工业企业供配电 (第 2 版)[M]. 北京：北京理工大学出版社，2021.

[7] 张秀华. 供配电技术理实一体化教程 [M]. 北京：北京理工大学出版社，2019.

[8] 王欣. 电气控制及 PLC 技术 [M]. 北京：机械工业出版社，2019.

[9] 郁汉琪. 电气控制与可编程序控制器应用技术 [M]. 南京：东南大学出版社，2019.

[10] 冯斌，孙赓. 电力施工项目成本控制与工程造价管理 [M]. 北京：中国纺织出版社，2021.

[11] 山东电力工程咨询院有限公司. 电力工程项目管理 [M]. 北京：科学出版社，2022.

[12] 沈润夏，魏书超. 电力工程管理 [M]. 长春：吉林科学技术出版社，2019.

[13] 郑永坤，邵彬，王先军. 电力与电气设备管理 [M]. 长春：吉林科学技术出版社，2020.

[14] 王自高，张宗亮，汤明高，等. 电力建设工程地质灾害危险源辨识与风险控制 [M]. 北京：中国水利水电出版社，2019.

[15] 刘欢，姜炫丞，吴伟巍. 电力工程数字监理平台理论及实践 [M]. 南

京：东南大学出版社，2021.

[16] 国网河南省电力公司.国网河南电力配电网工程建设管理手册监理分册 [M].北京：中国电力出版社，2021.

[17] 蔡杏山.电气自动化工程师自学宝典 [M].北京：机械工业出版社，2020.

[18] 连晗.电气自动化控制技术研究 [M].长春：吉林科学技术出版社，2019.

[19] 吴秀华，邹秋滢，刘潭.自动控制原理 [M].北京：北京理工大学出版社，2021.

[20] 杨剑锋.电力系统自动化 [M].杭州：浙江大学出版社，2018.

[21] 王耀斐，高长友，申红波.电力系统与自动化控制 [M].长春：吉林科学技术出版社，2019.

[22] 赵建宁，陈兵.特高压多端混合柔性直流输电工程技术 [M].北京：机械工业出版社，2022.

[23] 全球能源互联网发展合作组织.特高压输电技术发展与展望 [M].北京：中国电力出版社，2020.